职业院校、技工院校课程改革新教材

电加工综合实训教程

主　编　巫志华　农　学

参　编　马福东　冯兴翰　刘晓辉

　　　　周天明　唐　伟

主　审　黄达辉

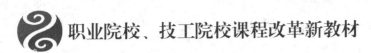吉林大学出版社

图书在版编目（CIP）数据

电加工综合实训教程 / 巫志华，农学主编. —长春：
吉林大学出版社，2018.8
　　ISBN 978 - 7 - 5692 - 2503 - 7

　　Ⅰ. ①电… Ⅱ. ①巫… ②农… Ⅲ. ①电火花加工 -
教材 Ⅳ. ①TG661

　　中国版本图书馆 CIP 数据核字（2018）第 150378 号

书　　　名	电加工综合实训教程
	DIANJIAGONG ZONGHE SHIXUN JIAOCHENG
作　　　者	巫志华　农　学　主编
策划编辑	王继祥
责任编辑	张文涛
责任校对	刘守秀
装帧设计	宣是国际
出版发行	吉林大学出版社
社　　　址	长春市人民大街 4059 号
邮政编码	130021
发行电话	0431 - 89580028/29/21
网　　　址	http://www.jlup.com.cn
电子邮箱	jdcbs@ jlu.edu.cn
印　　　刷	三河市文阁印刷有限公司
开　　　本	787mm×1092mm　1/16
印　　　张	12.75
字　　　数	280 千字
版　　　次	2018 年 8 月　第 1 版
印　　　次	2018 年 8 月　第 1 次印刷
书　　　号	ISBN 978 - 7 - 5692 - 2503 - 7
定　　　价	32.00 元

前　言

　　电加工技术是先进生产制造技术中的一个重要组成部分，是机械制造业中普通机械加工的重要补充和发展，在机械、电子、航空航天及国防工业中得到广泛应用，特别在模具制造业中，是必不可少的关键技术。

　　本书主要介绍电火花线切割加工技术，电火花成型加工技术和电火花高速穿孔加工技术。本书内容从机床认识、基础操作到模具加工实例，过程力求体现操作实际机床所用的实用技术与必要的理论知识相统一，以及采用实例加工任务技术与技巧运用相统一。本书编写模式新颖、文字简练、实例典型和图文并茂，能够确保良好的教学效果。全书注重实用性，突出动手操作能力。

　　本书可以作为电加工工人、技术人员培训或自学的教材，也可以作为工厂和大专院校、高职、中职学校机械制造专业教师和学生的教学、自学参考用书。

　　全书共分三大部分，第一部分介绍电加工机床基础加工技术，第二部分介绍模具加工技术，第三部分介绍电加工常见故障与排除。

　　由于时间仓促，加之编写人员水平有限，书中难免有不足和疏漏之处，恳切希望广大读者提出宝贵意见。

编　者

目 录 Contents

第一部分 机床基础操作

第一节 数控电火花快速走丝线切割加工

1.1 任务一 正六边形工件加工

工作任务

一、任务图样(见图 1 - 1 - 1)

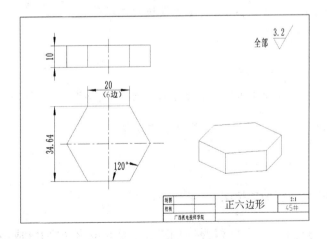

制图		正六边形	2:1
校核			45#
广西机电技师学院			

图 1 - 1 - 1 任务图样

此零件是一个正六边形,毛坯为45#板材,工件厚度为 10 mm,正六边形零件每边长为 20 mm,每两边夹角为120°。线切割加工面粗糙度均为 $Ra3.2$ μm。

二、评分标准(见表1-1-1)

表1-1-1 评分标准

序号	考核内容	配分	评分标准	自测	教师测	扣分	总得分
1	机床各功能键使用	20	回答错误1个功能键扣2分				
2	工件装夹与校正操作	15	装夹校正错误1项扣5分				
3	启动机床加工正六边形	20	启动顺序错误扣10分				
4	安全文明生产	10	酌情扣分				
5	工作态度	15	认真情况扣分				
6	6S 现场管理	10	酌情扣分				

任务目标

一、知识目标

1. 掌握电火花线切割加工的原理、特点及用途。

2. 掌握北京迪蒙卡特 CTW320TA 机床的面板功能操作。

二、技能目标

1. 能对 CTW320TA 机床的组成部分进行系统的了解,知道线切割机床加工原理。

2. 能初步使用机床各开关和面板功能键操作设备。

任务准备

一、数控电火花线切割加工机床

数控电火花线切割加工简称"线切割加工"。它是在电火花穿孔、成型加工的基础上发展起来的。它不仅使电火花加工的应用得到了发展,而且在某些方面已取代了电火花穿孔、成型加工。如今,数控线切割机床已占电火花机床的大半。

1. 数控电火花线切割机床的加工原理

图1-1-2所示为数控电火花切割加工机床的基本工作原理。工件装夹在机床的坐标工作台上,作为工件电极,接脉冲电源的正极;采用细金属丝作为工具电极,称为"电极丝",接入负极。若在两电极间施加脉冲电压,不断喷注具有一定绝缘性能的水质工作液,并由伺服电机驱动坐标工作台按预先编制的数控加工程序沿 X、Y 两个坐标方向移动,则当两电极间的距离小到一定程度时,工作液被脉冲电压击穿,引发火花放电,蚀除工件材料。控制两电极间的距离,使其始终维持一定的放电间隙,并使电极丝沿其轴向以一定速度做走丝运动,避免电极丝因放电现象总发生在局部位置而被烧断,即可实现电极丝沿工件的预定轨迹边蚀除、边进给,逐步将工件切割加工成型。

电火花线切割加工,必须具备以下几个条件。

(1)工件与电极丝之间保持合适的放电间隙;

(2)合适的电规准参数;

(3)一定绝缘性能的工作液;

(4)满足要求的运动:电极丝做走丝运动,工作台做进给运动。

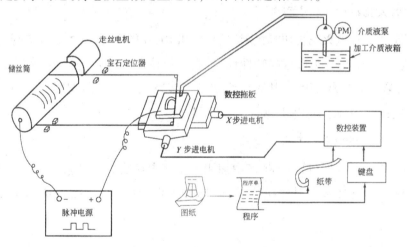

图1-1-2 数控电火花线切割机床加工原理图

2.数控电火花线切割机床分类

数控电火花线切割加工机床可按多种方法进行分类,通常按电极丝的走丝速度分成快速走丝线切割机床(WEDM-HS)与慢速走丝线切割机床(WEDM-LS)。

1)快速走丝线切割机床

快速走丝线切割机床的电极丝做高速往复运动,一般走丝速度为8~10 m/s,是我国独创的电火花线切割加工模式。快速走丝线切割机床上运动的电极丝能够双向运行,重复使用,直至断丝为止。线电极材料常用直径为 0.10 ~ 0.30 mm 的钼丝(有时也用钨丝或钨钼丝)。对小圆角或窄缝切割,也可采用直径为 0.6 mm 的钼丝。工作液通常采用乳化液。快速走丝线切割机床结构简单、价格便宜、生产率高,但由于运行速度快,工作时机床振动幅度较大。钼丝和导轮的损耗快,加工精度和表面粗糙度就不如慢速走丝线切割机床好,其加工精度一般为 0.01 ~ 0.02 mm,表面粗糙度 Ra 为 1.25 ~ 2.5 μm。

2)慢速走丝线切割机床

慢速走丝线切割机床走丝速度低于 0.2 m/s。常用黄铜丝(有时也采用紫铜、钨、钼和各种合金的涂覆线)作为电极丝,铜丝直径通常为 0.10 ~ 0.35 mm。电极丝仅从一个方向通过加工间隙,不重复使用,避免了因电极丝的损耗而降低加工精度。同时,由于走丝速度慢,机床及电极丝的振动小,因此加工过程平稳,加工精度高,可达 0.005 mm,表面粗糙度 $Ra \leq 0.32$ μm。

慢速走丝线切割机床的工作液一般采用去离子水、煤油等,生产率较高。

慢速走丝机床主要由日本、瑞士等国生产,目前国内有少数企业引进国外先进技术与外企合作生产慢走丝机床。

3. 数控电火花线切割机床型号

国标规定的数控电火花线切割机床的型号,如 DK7725 的基本含义为:D 为机床的类别代号,表示电加工机床;K 为机床的特性代号,表示数控机床;第一个 7 为组代号,表示电火花加工机床,第二个 7 为系代号(快走丝线切割机床为 7,慢走丝线切割机床为 6,电火花成型机床为 1);25 为基本参数代号,表示工作台横向行程为 250 mm。

4. 数控电火花线切割机床基本组成

由于科学技术的发展,目前在生产中使用的快速走丝线切割机床几乎全部采用计算机数字程序控制,这类机床主要由机床本体、脉冲电源、计算机数控系统和工作液循环系统组成。

(1)机床本体

机床本体主要由床身、工作台、运丝机构和丝架等组成,具体介绍如下:

1)床身

床身(见图 1 - 1 -3)是支承和固定工作台、运丝机构等的基体。因此,要求床身有一定的刚度和强度,一般采用箱体式结构。床身里面安装有机床电气系统、脉冲电源、工作液循环系统等元器件。

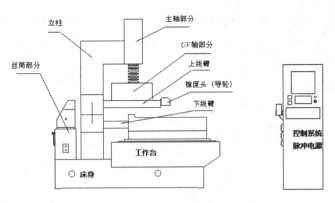

图1-1-3 数控电火花切割机床身

2)坐标工作台

目前在电火花线切割机床上采用的坐标工作台,大多做 X、Y 方向线性运动。不论是哪种控制方式,电火花线切割机床最终都是通过坐标工作台与丝架的相对运动来完成零件加工的,坐标工作台应具有很高的坐标精度和运动精度,而且要求运动灵敏、轻巧,一般都采用"十"字滑板、滚珠导轨,传动丝杠和螺母之间必须消除间隙,以保证滑板的运动精度和灵敏度。

3)走丝机构

在用快速走丝线切割加工时,电极丝需要不断地往复运动,这个运动是由运丝机构来完成的。最常见的运丝机构是单滚筒式机构,电极丝绕在储丝筒上,并由丝筒做周期性的正反旋转使电极丝高速往返运动。储丝筒轴向做往复运动的换向及行程长短由无触点接近开关及其撞杆控制(见图1-1-4)。

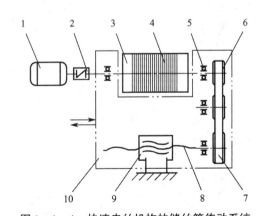

图1-1-4 快速走丝机构的储丝筒传动系统

1—走丝电动机;2—联轴器;3—储丝筒;4—电极丝;5—轴承;

6—齿轮;7—同步齿形带;8—丝杠;9—床身螺母;10—走丝滑座

快速走丝机构的张丝装置由紧丝重锤、张紧轮和张丝滑块等构成,如图1-1-5所示。

紧丝重锤在重力作用下带动张丝滑块和张紧轮沿导轨产生预紧力作用,从而使加工过程中电极丝始终处于拉紧状态,防止电极丝因松弛、抖动造成加工不稳定或脱丝。

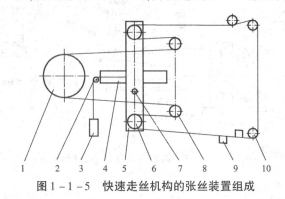

图 1 - 1 - 5   快速走丝机构的张丝装置组成

1—储丝筒;2—定滑轮;3—重锤;4—导轨;5—张丝滑块;

6—张紧轮;7—固定销孔;8—副导轮;9—导电块;10—主导轮

(2)线切割锥度切割装置

线切割锥度切割装置用于某些有锥度(斜度)的内外表面,在线切割机床上广泛采用,实现的方法也有多种,比较常见的一种结构型式是数控四轴联动锥度切割装置,它是由位于立柱头部的两个步进电动机直接与两个滑动丝杠相连带动滑板做 U 向、V 向坐标移动,与坐标工作台的 X、Y 轴驱动构成数控四轴联动,使电极丝倾斜一定的角度,从而达到工件上各个方向的斜面切割和上下截面形状异形加工的目的(见图 1 - 1 -6)。进行锥度切割时,保持电极丝与上、下部导轮(或导向器)的两个接触点之间的直线距离一定,是获得高精度的重要前提。为此,有的机床具有 Z 轴设置功能以设置这种导向间距。

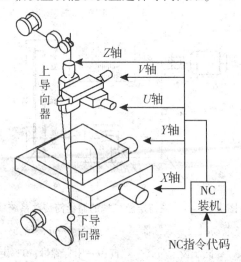

图 1 - 1 - 6   线切割锥度切割装置

（3）工作液循环与过滤装置（见图1-1-7）

工作液循环与过滤装置是电火花线切割机床不可缺少的一部分，其主要包括工作液箱、工作液泵、流量控制阀、进液管、回液管和过滤网罩等。工作液的作用是及时地从加工区域中排除电蚀产物，并连续、充分地供给清洁的工作液，以保证脉冲放电过程稳定而顺利地进行。目前绝大部分快速走丝机床的工作液是专用乳化液。乳化液种类繁多，大家可根据相关资料来正确选用。

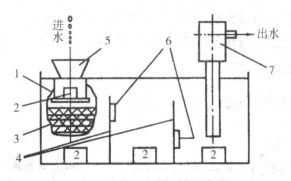

图1-1-7　工作液循环与过滤装置

（4）脉冲电源

电火花线切割加工的脉冲电源与电火花成型加工作用的脉冲电源在原理上相同，不过受加工表面粗糙度和电极丝允许承载电流的限制，线切割加工脉冲电源的脉宽较窄（$2 \sim 60\ \mu s$），单个脉冲能量、平均电流（$1 \sim 5A$）一般较小，所以，线切割总是采用正极性加工方法。

（5）数控系统

数控系统在电火花线切割加工中起重要作用，具体体现在两方面。

①轨迹控制作用。它精确地控制电极丝相对于工件的运动轨迹，使零件获得所需的形状和尺寸。

②加工控制。它能根据放电间隙大小与放电状态控制进给速度，使之与工件材料的蚀除速度相平衡，保持正常的稳定切割加工。

目前绝大部分机床采用数字程序控制方式，并且普遍采用绘图式编程技术，操作者首先在计算机屏幕上画出要加工的零件图形，线切割专用软件（如 HL 软件、AUTOP 软件、YH 软件、北航海尔的 CAXA 线切割软件）会自动将图形转化为 ISO 代码或 3B 代码等线切割程序。

二、数控电火花线切割机床工艺范围

数控电火花线切割机床可以用来加工硬质合金,高熔点和已经淬硬后的模具零件,能够很方便地加工出冷冲模的凸模、凹模、凸凹模、固定板、卸料板等,因此,线切割加工机床在冷冲模的制造中占很重要的地位。数控电火花线切割机床还可以用来加工塑料模的模套、固定板和拼块,以及粉末冶金模、硬质合金模、拉深模、挤压模等各结构类型模具中的部分零件,也可对模具零件中的微型孔槽、窄缝、任意曲线等进行微细加工。在模具制造的工具方面,可用线切割加工金属电极和各种模板及样板等。随着线切割加工技术的不断发展,它在模具制造中的用途将更加广泛。

三、机床控制柜面板功能键(见图1-1-8)

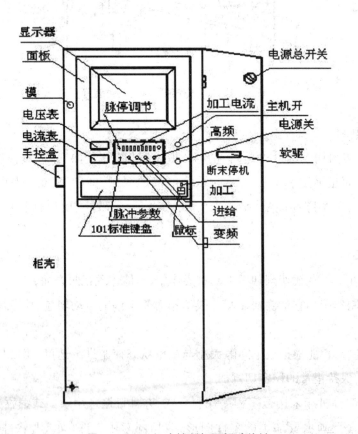

图1-1-8 机床控制柜面板功能键

1. 系统控制柜

图1-1-9所示为北京迪蒙卡特 CTW320TA 机床的电源及控制系统箱柜。

图1-1-9 北京迪蒙CTW320TA机床的电源及控制系统箱柜

2.操作面板及功能简介

主机开 :(绿色) 。

电源关 :(红色蘑菇头) 。

脉冲参数 :选择(参阅高频) 。

进给调节 : 用于切割时调节进给速度。

脉停调节 : 用于调节加工电流大小。

变频 : 按下此键,压频转换电路向计算机输出脉冲信号,加工中必须将此键按下。

进给 : 按下此键,驱动机床拖板的步进电机处于工作状态。切割时必须将此键按下。

加工 : 按下此键,压频转换电路以高频取样信号作为输入信号,跟踪频率受放电间隙影响;此键不按,压频转换电路自激振荡产生变频信号。切割时必须将此键按下。

高频 ：按下此键,高频电源处于工作状态。

加工电流 ：此键用于调节加工峰值电流,六挡电流

大小相等。

3. 机床手控盒(见图 1 – 1 – 10)

钼丝开 —— 工作轴 X
钼丝关 —— 工作轴 Y
工作液开 —— 工作轴 U
工作液关 —— 工作轴 V

图 1 – 1 – 10　机床手控盒

四、线切割加工工艺步骤(见图 1 – 1 – 11)

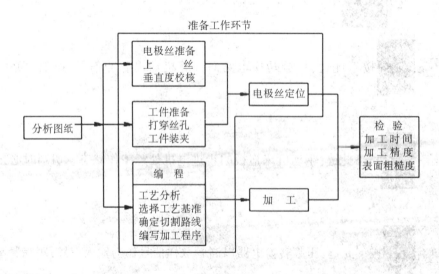

图 1 – 1 – 11　数控线切割加工工艺步骤

任务实施

一、加工准备

1. 选择机床

加工本任务工件，选用的机床为北京迪蒙卡特 CTW320TA 数控电火花快速走丝线切割机床。

2. 选择毛坯

工件毛坯(见图 1－1－12)选用 10mm×50mm×60mm 的 45#板材。

60
50
10

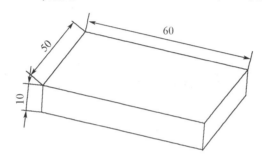

图 1－1－12　毛坯

二、演示正六边形工件操作加工步骤

1. 开机

启动机床电源，进入以下系统主界面，如图 1－1－13 所示。

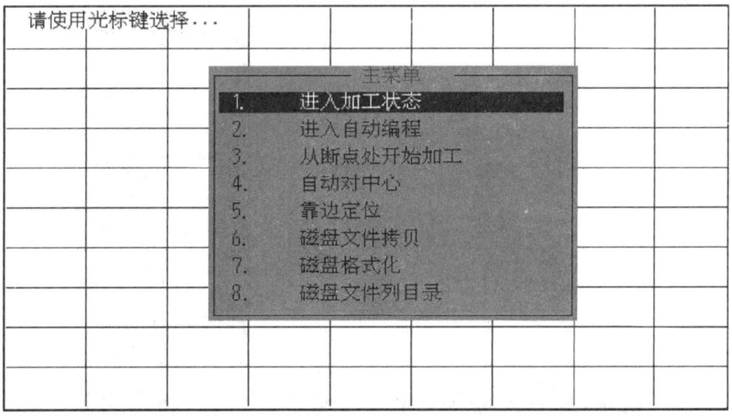

请使用光标键选择...
主菜单
1. 进入加工状态
2. 进入自动编程
3. 从断点处开始加工
4. 自动对中心
5. 靠边定位
6. 磁盘文件拷贝
7. 磁盘格式化
8. 磁盘文件列目录

图 1－1－13　系统主界面

2. 进入编程系统界面(绘图、编程)

在键盘上按↑、↓光标移动到【2. 进入自动编程】菜单,回车,输入 TCAD 并回车,进入绘图编程界面。根据图样绘制图,生成加工路线,如图 1 - 1 - 14 所示。

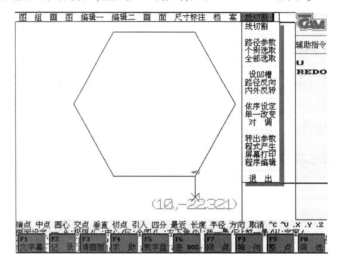

图 1 - 1 - 14　图样绘制图

3. 进入加工界面(调入文件、仿真、代码显示)

退出自动编程系统后,在 DOS 系统界面输入 cd\回车→输入 CNC2 回车→在键盘上按↑、↓光标移动到【1. 进入加工状态】菜单→按 F3 键→输入要加工文件的文件名,回车(输入格式 C:\6bx,其中 C:\为文件存盘符,6bx 为自动编程时生成的 3B 代码文件名)。

其中,按 F4 键可查看加工 3B 代码,按 F5 键可查看加工图形,按 F7 键可模拟仿真加工,按 F8 键开始加工。

加工过程中,按 F8 键可结束加工。图 1 - 1 - 15 所示为调出文件的仿真界面。

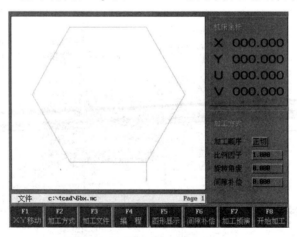

图 1 - 1 - 15　文件的仿真界面

4. 装夹工件与进刀位置(如图 1 - 1 - 16 所示)

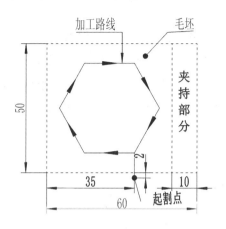

图 1 - 1 - 16　装夹工件与进刀位置

5. 加工电参数设定

根据加工工件的材质和高度,选择合理的高频电源规准,加工电流为 2 A,脉冲宽度为 16 μs,脉冲间隔为 48 μs。

6. 启动机床,加工工件

先在机床加工界面上,按【F7】键模拟仿真加工路线,没有问题后,用手动模式使电极丝移动到钼丝起割点的位置,然后启动丝筒和切削液,按【F8】键开始加工零件。加工时,通过调节进给旋钮,调节至合适的进给加工速度。

7. 工件检测

加工完毕,取下零件,用 25 ~ 55 千分尺共测六边形平行边尺寸 34.64mm,然后用 0 ~ 360,万能量角器检测 6 个 120°角的角度,看是否符合要求。若不符合要求,找出原因进行纠正,以备加工下一个零件。图 1 - 1 - 17 所示为工件与废料图。

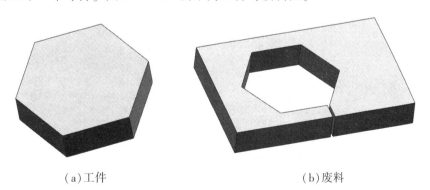

(a)工件　　　　　　　　　　　　　　(b)废料

图 1 - 1 - 17　六边形工件与废料

三、小结

此任务重点讲述了数控线切割加工原理和零件工艺过程,初步让学生对数控线切割加工机床的操作产生学习兴趣,提高学生对模具制造专业基本加工能力的认识。

工作完后,应切断电源、清扫切屑、擦净机床,夹具和附件等应擦拭干净并放回原处,在导轨面上加注润滑油,各部件应调整到正常位置,打扫现场卫生,填写设备使用记录表,给学生做操作示范。

任务巩固

1. 为什么在加工过程中钼丝要往复高速运转?

2. 简述快速走丝线切割与慢速走丝线切割的区别。

工作任务

一、任务图样(见图 1 - 1 - 18)

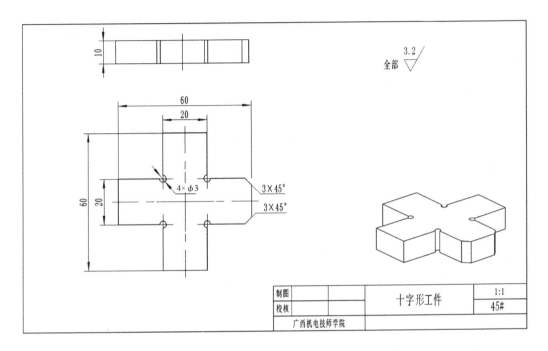

图 1 - 1 - 18　任务图样

此零件是一个十字形零件,毛坯为 45# 板材,工件厚度为 10 mm,十字形零件是每边长为 20 mm 的对称图形,其中有两边倒 3×45°角。线切割加工面粗糙度均为 $Ra3.2$ μm。

二、评分标准(见表 1 - 1 - 2)

表 1 - 1 - 2　评分标准

序号	考核内容	配分	评分标准	自测	教师测	扣分	总得分
1	X/Y 坐标值的设定	10	坐标确定错误 1 处扣 2 分				
2	GX、GY 的选择	10	选择错误 1 项扣 2 分				
3	计数长度 J 的设定	10	计算错误 1 处扣 2 分				
4	加工指令的设定 L、SR、NR	10	加工方向判断错误 1 处扣 2 分				

续表

序号	考核内容	配分	评分标准	自测	教师测	扣分	总得分
5	十字工件编程	20	轮廓程序不完整1处扣5分				
6	十字工件加工	20	其中1项尺寸不合格扣4分				
7	工作态度	10	认真情况扣分				
8	6S现场管理	10	酌情扣分				

✎ 任务目标

一、知识目标

1. 掌握数控电火花线切割机床安全操作规程。

2. 掌握手工3B代码编程原理和方法。

二、技能目标

1. 能对十字形零件进行手工3B代码编程,知道3B代码编程方法。

2. 能初步对机床进行安全操作,启动机床加工零件。

✎ 任务准备

一、电火花快走丝机床安全规程

电火花快走丝机床安全规程如下。

(1)开机前按照机床说明书要求,对各润滑点加油。

(2)按照数控线切割加工工艺正确选用加工参数,按规定的操作顺序操作。

(3)用手柄转动储丝筒后,应及时取下手柄,防止储丝筒转动时将手柄甩出伤人。

(4)装卸电极丝,注意防止电极丝扎手。卸下的废丝应放在规定的容器内,防止造成电器短路等故障。

(5)停机时,要在储丝筒换向后尽快按下"停止"按钮,以防止储丝筒启动时冲出行程引起断丝。

(6)应消除工件的残余应力,防止切割过程中工件爆裂伤人。加工前应安装好防护罩。

(7)安装工件的位置,应防止电极丝割到夹具;应防止夹具与线架下臂碰撞;应防止触电。

(8)不能用手或手持导电工具同时接触工件与床身(脉冲电源的正极与地线)以防

触电。

(9)禁止用湿手按开关或接触电器部分。防止工作液及导电物进入电器部分。因电器短路起火时,应先切断电源,用四氯化碳等合适的灭火器灭火,不准用水灭火。

(10)在检修时,应先断开电源,防止触电。

(11)加工结束后断开总电源,擦净工作台及夹具并上油。

二、线切割 3B 代码编程

数控线切割机床的控制系统是根据人的"命令"控制机床进行加工的。所以必须先将要进行线切割加工工件的图形用线切割控制系统所能接受的"语言"编好"命令",输入控制系统(控制器),这种"命令"就是线切割程序,编写这种"命令"的工作叫作数控线切割编程,简称"编程"。

编程方法分手工编程和微机编程。手工编程是数控线切割工作者的一项基本功,它能使你比较清楚地了解编程所需要进行的各种计算和编程过程。但手工编程的计算工作比较繁杂,费时间。因此,近些年来由于微机的飞速发展,线切割编程目前大都采用微机编程。微机有很强的计算功能,大大减轻了编程的劳动强度,并大幅度地减少了编程所需的时间。

1.线切割 3B 代码程序格式

线切割加工轨迹图形是由直线和圆弧组成的,它们的 3B 程序指令格式如表 1-1-3 所示。

表 1-1-3　3B 程序指令格式

B	X	B	Y	B	J	G	Z
分隔符	X 坐标值	分隔符	Y 坐标值	分隔符	计数长度	计数方向	加工指令

2.直线的 3B 代码编程规则

1) X,Y 值的确定

以直线的起点为原点,建立正常的直角坐标系,X,Y 表示直线终点的绝对值坐标,单位为 μm。

对图 1-1-19 所示的轨迹形状,请读者试着写出其(b)(c)(d)图中各终点的 X、Y 值(注:在本部分图形所标注的尺寸中若无说明,单位都为 mm)。

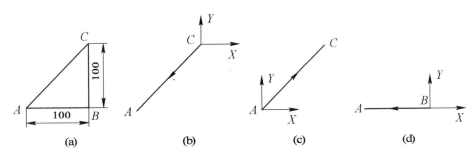

图 1-1-19　直线轨迹

2）G 的确定

G 用来确定加工时的计数方向，分 GX 和 GY。直线的计数方向取直线的终点坐标值中较大值的方向，即当直线终点坐标值 $X > Y$ 时，取 $G = GX$；当直线终点坐标值 $X < Y$ 时，取 $G = GY$；当直线终点坐标值 $X = Y$ 时，直线在第一、第三象限时，取 $G = GY$，在第二、第四象限时，取 $G = GX$。G 的确定如图 1 - 1 - 20 所示。

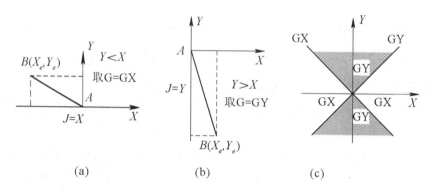

图 1 - 1 - 20　G 的确定

（3）J 的确定

J 为计数长度，以 μm 为单位。

J 的取值方法为：由计数方向 G 确定投影方向，若 $G = GX$，则将直线向 X 轴投影得到长度的绝对值即为 J 的值；若 $G = GY$，则将直线向 Y 轴投影得到长度的绝对值即为 J 的值。

直线编程，可直接取直线终点坐标值中的大值。即 $X > Y, J = X$；$X < Y, J = Y$；$X = Y$，$J = X = Y$。

4）Z 的确定

加工指令 Z 按照直线走向和终点的坐标不同可分为 L1，L2，L3，L4，其中与 + X 轴重合的直线算作 L1，与 - X 轴重合的直线算作 L3，与 + Y 轴重合的直线算作 L2，与 - Y 轴重合的直线算作 L4，具体如图 1 - 1 - 21 所示。

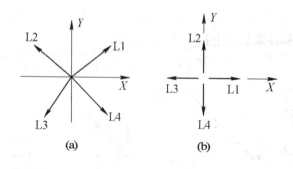

图 1 - 1 - 21　Z 的确定

3. 圆弧的 3B 代码编程

1) X、Y 值的确定

以圆弧的圆心为原点,建立正常的直角坐标系,X、Y 表示圆弧起点坐标的绝对值,单位为 μm。如在图 1 – 1 – 22 (a) 中,X = 30 000,Y = 40 000;在图 1 – 1 – 22(b) 中,X = 40 000,Y = 30 000。

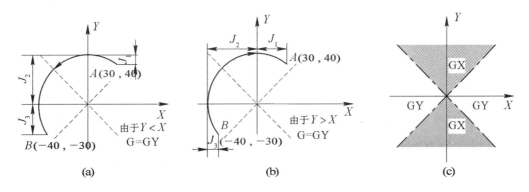

图 1 – 1 – 22　圆弧轨迹

2) G 的确定

圆弧的计数方向取圆弧的终点坐标值中较小值的方向,即当圆弧终点坐标值 $X > Y$ 时,取 G = GY(见图 1 – 1 – 22(a));当圆弧终点坐标值 $X < Y$ 时,取 G = GX(见图 1 – 1 – 22(b));当圆弧终点坐标值 $X = Y$ 时,在第一、第三象限时,取 G = GX,在第二、第四象限时,取 G = GY。具体可参见图 1 – 1 – 22(c) 所示。

3) J 的确定

J 值由计数方向 G 确定投影方向,若 G = GX,则将圆弧向 X 轴投影;若 G = GY,则将圆弧向 Y 轴投影。J 值为各个象限圆弧投影长度绝对值的和。如图 1 – 1 – 22(a)(b) 中,J_1,J_2,J_3 大小分别如图中所示,$J = |J_1| + |J_2| + |J_3|$。

4) Z 的确定

Z 值由圆弧起点所在象限和圆弧加工走向确定。按切割的走向可分为顺圆 S 和逆圆 N,于是共有 8 种指令:SR1、SR2、SR3、SR4、NR1、NR2、NR3、NR4,具体如表 1 – 1 – 4 和图 1 – 1 – 23 所示。

表 1 – 1 – 4　圆弧加工指令

	第一象限	第二象限	第三象限	第四象限
逆圆	NR1	NR2	NR3	NR4
顺圆	SR1	SR2	SR3	SR4

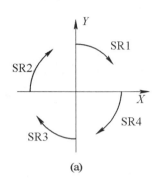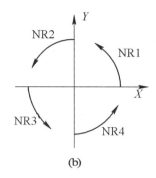

图 1 - 1 - 23　Z 的确定

例 1：不考虑间隙补偿和工艺,编制如图 1 - 1 - 24 所示直线的程序。

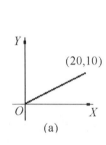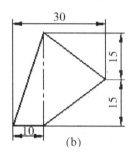

图 1 - 1 - 24　直线编程图

（1）B20000　B10000　B20000　GX　L1

（2）以左下角点为起始切割点逆时针方向编制程序:

B10000　　B0　B10000　　　GX　L1

B20000　　B15000　B20000　　GX　L1

B20000　　B15000　B20000　　GX　L2

B10000　　B30000　B30000　　GY　L3

技巧:与 X 或 Y 轴重合的直线,编程时 X、Y 均可写作 0,且可省略不写。

例如:B10000　B0　　B10000　　GX　L1 可简写成:

B　　B　B10000　GX　L1

例 2.：不考虑工艺,编制如图 1 - 1 - 25 所示圆弧的程序。

（A→B）B9800　B2000　B29800　GX　NR1

（B→A）B0　　B10000　B28000　GY　SR3

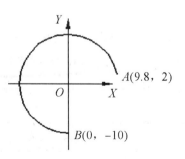

图 1 - 1 - 25　圆弧编程图

一、加工准备

1.选择机床

加工本任务工件,选用的机床为北京迪蒙卡特 CTW320TA 数控电火花快速走丝线切割机床。

2.选择毛坯

工件毛坯选用 10 mm ×70 mm ×80 mm 的 45#板材,如图 1 -1 -26 所示。

二、十字工件实例操作加工步骤

1.数控线切割加工工艺过程的规定(见表 1 -1 -5)

为了保证外形的尺寸精度,采用一次装夹方式完成加工。

图 1 -1 -26   毛坯

表 1 -1 -5   数控线切割加工工艺步骤

序号	工序名称	工序主要内容
1	零件毛坯确定	根据零件图,机械加工尺寸为 10 mm ×70 mm ×80 mm 的毛坯
2	3B 代码编程	确定加工路线和编写 3B 代码程序
3	校丝垂直	校正钼丝与工作台的垂直度
4	工件装夹校正	工件装夹完成后,校正 70 mm 长度方向为基准边并与机床工作台 Y 轴平行
5	电参数输入	输入脉宽、脉间、加工电流、工件厚度
6	切割零件	调出零件程序,检查无误后模拟仿真,启动加工
7	零件检测	用千分尺和游标卡尺检测相应尺寸

2.确定十字形工件的加工路线(见图 1 -1 -27)与编写 3B 代码程序

N1   BBB5000GYL2

N2   BBB20000GXL3

N3   BBB18500GYL2

N4   BB1500B4500GYNR3

N5   BBB18500GXL3

N6   BBB20000GYL2

N7 BBB18500GXL1

N8 B1500BB4500GYNR3

N9 BBB18500GYL2

N10 BBB20000GXL1

N11 BBB18500GYL4

N12 BB1500B4500GYNR1

N13 BBB15500GXL1

N14 B3000B3000B3000GYL4

N15 BBB14000GYL4

N16 B3000B3000B3000GYL3

N17 BBB15500GXL3

N18 B1500BB4500GXNR1

N19 BBB18500GYL4

N20 BBB5000GYL4

N21 DD

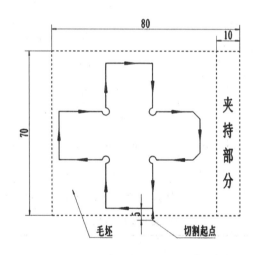

图 1 - 1 - 27 十字型工件的加工路线

3. 十字工件 3B 编程机床输入

(1)进入加工系统界面(见图 1 - 1 - 28)

(2)进入编程界面

按【F4】键进入编程界面,在【请输入加工文件名】对话框中输入 c:\tcad\sz. nc 回车,按照第 3 步编好的程序,输入计算机,输入完成后,按【Esc】键退出,再按【Y】键保存程序。图 1 - 1 - 29 所示为程序编程界面。

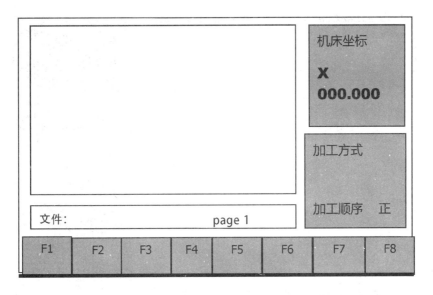

图 1 - 1 - 28　任务图样

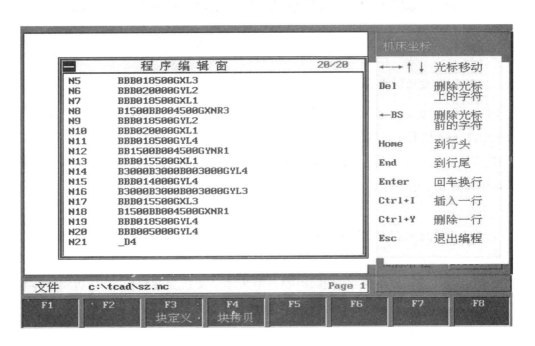

图 1 - 1 - 29　编程界面

4. 十字形工件程序加工预演仿真

按【F7】进入加工预演界面,如图 1 - 1 - 30 所示,检查程序是否错误,按【F8】键结束加工预演。

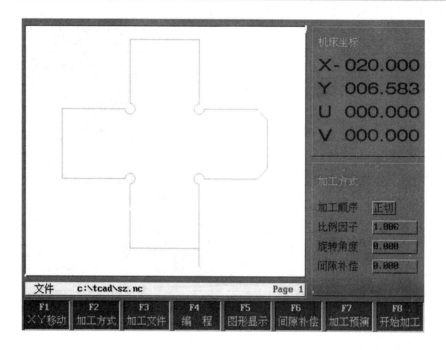

图 1 - 1 - 30　加工预演界面

5.装夹毛坯,校正加工基准(见图 1 - 1 - 31)

工件毛坯为 10 mm × 70 mm × 80 mm 的方形,零件外形为十字形,外形轮廓尺寸为 60 mm × 60 mm,在毛坯长度为 70 mm 单边的余量为 5 mm,长度为 80 mm 的余量较大,所以,夹持方向在此方向,夹持余量为 10 mm 左右,采用悬臂式,压板夹持在工作台上。工件毛坯用百分表校正 Y 轴方向。

校正方法:

(1)将百分表座吸在上丝架上,调节连杆使百分表测量头尽量垂直于工件 70 mm 尺寸方向面。

(2)用手动模式点动机床 X 轴移动,当百分表测量头碰到被测面后,吃表深度控制在 0.30 ~ 0.50 mm,然后点动机床 Y 轴移动,用铜棒敲磁力座(百分表读数大的一头),当百分表在 70 mm 面全长跳动量在 0.02 mm 内时,校正结束。

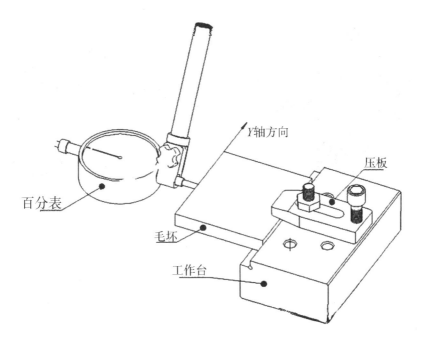

Y轴方向

压板

百分表

毛坯

工作台

图 1 - 1 - 31　校正加工基准

6. 加工电参数设定

根据加工工件的材质和高度,选择合理高频电规准,加工电流为 2A,脉冲宽度为 16 μs,脉冲间隔 48 μs。

7. 加工工件

先在机床加工界面上按【F7】键模拟仿真加工路线,没有问题后,用手动模式使电极丝移动到钼丝进刀位置,然后启动丝筒和切削液,按【F8】键开始加工零件。加工时,通过调节进给旋钮,调节进给加工速度。

8. 零件检测

加工完毕,取下零件,用 0 ~ 25 mm 千分尺检测零件 20 mm 尺寸,然后用 50 ~ 75 mm 千分尺检测零件 60 mm 尺寸,看是否符合要求。若不符合要求,找出原因进行纠正,以备加工下一个零件。图 1 - 1 - 32 所示为十字形工件与废料图。

(a)工件   (b)废料

图 1-1-32　十字形工件与废料

9. 小结

此任务重点讲述了 3B 代码编程方法,以十字工件为实例编程,并启动线切割机床进行简单的毛坯校正和对实例零件进行加工操作,可以提高学生的线切割基本功和操作设备的能力。

工作完成后,应切断电源、清扫切屑、擦净机床,夹具和附件等应擦拭干净并放回原处,在导轨面上加注润滑油,各部件应调整到正常位置,打扫现场卫生,填写设备使用记录表。

任务巩固

1. 在 3B 代码编程中,加工线段为圆弧时,说说 J 计数长度的计算方法,并举例说明。

2. 简述加工线段为圆弧时,逆圆加工方向的选取。

工作任务

一、任务图样(见图 1 – 1 – 33)

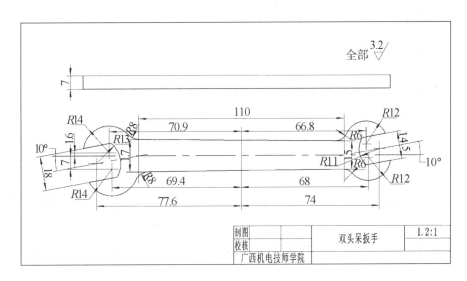

图 1 – 1 – 33　任务图样

此零件是一个双头呆扳手,毛坯为 45# 板材,工件厚度为 7 mm,两头基准中心距离为 110 mm,大头开口尺寸为 18 mm,是卡扭 M10 螺母的尺寸,小头开口尺寸为 14.5 mm,是卡扭 M8 螺母的尺寸,两边开口基准角度与扳手中心线成 10° 角。线切割加工面粗糙度均 为 Ra3.2μm。

二、评分标准(见表 1 – 1 – 6)

表 1 – 1 – 6　评分标准

序号	考核内容	配分	评分标准	自测	教师测	扣分	总得分
1	TCAD 软件绘图菜单使用	10	菜单选择错误 1 处扣 2 分				
2	图形编辑	10	轮廓编辑错误 1 处扣 2 分				
3	双头扳手绘制	15	轮廓绘制错误 1 处扣 2 分				
4	双头扳手自动编程	20	编程参数错误 1 次扣 2 分				
5	双头扳手加工	25	外形尺寸有误差,1 处扣 4 分				

续表

序号	考核内容	配分	评分标准	自测	教师测	扣分	总得分
6	工作态度	10	认真情况扣分				
7	6S 现场管理	10	酌情扣分				

任务目标

一、知识目标

1. 掌握 TCAD 自动编程软件各功能菜单使用和线切割自动编程方法。

2. 掌握双头呆扳手实例自动编程加工工艺操作技能。

二、技能目标

1. 能掌握 TCAD 自动编程软件各功能菜单,熟练绘制实例工件,知道线切割自动编程工艺流程。

2. 能对实例工件进行绘制、编程,生成加工代码,启动数控线切割机床进行加工。

任务准备

北京迪蒙卡特 TCAD 菜单及图元功能使用

1. 下拉式菜单(见图 1 – 1 – 34)

图 1 – 1 – 34　下拉式菜单

操作说明：

将鼠标光标移至绘图屏幕的顶部，即出现下拉式菜单栏。

注意：使用键盘无法执行此功能。

左右移动光标，选择所需要的项目，然后按鼠标左键即可出现下拉式菜单。

上下移动鼠标来选取指令。

出现下拉式菜单后，将十字光标改换成拳头形。

2. 屏幕菜单

最上方为 TCMA 注册商标，选此项可显示软件名称、版本、作者及版权等。

按菜单上方的[统达计算机]项，便可回到最上层的主菜单。

当在利用主菜单选取某绘图选项时，会切换至另外一页的次菜单（见表 1 - 1 - 7 步骤二所示）。

表 1 - 1 - 7　屏幕菜单菜操作方法

	使用鼠标操作	使用键盘操作
步骤一	移动鼠标将光标移至绘图指令[画图]，该处即以高亮度(反白)显示。	按 Ins 时光标控制权移至屏幕菜单区，再用上、下箭头键(↑和↓)移至定位[画图一]
步骤二	按鼠标左键，转入下一页功能表，再将光标向下移动到另一指令[圆]	按下左移键(←)进入下一页菜单，再移动上、下箭头键到[圆]处
步骤三	按鼠标左键，又转入下一页辅助指令，如此即可展开绘图操作	按下 Ins 或左移键进入下一页功能表，如此即可展开绘图操作

在次菜单选择某一指令时，若还有副指令，则会再出现下一个次菜单来绘图（见表 1 - 1 - 7 步骤三所示），这样即可选择合适的方法来绘图（见图 1 - 1 - 35）。

在您选择次菜单时，菜单下方会出现下列选项：

【主菜单】：回到主菜单，【ROOT MENU】。

【上次菜单】：回到上一页菜单，【LAST MENU】。

若已出现辅助指令而想回到上一菜单，按【Ctrl】+【C】即可。

| 图层:0 | 记录 | -11.7846, -15.0105, | 0.0000 | ĈAM |

TCAD/CAM

<<<<>>>>
图　　组
画　　图
编辑一
编辑二

画　　面
标尺寸
档　　案
切割一
切割二

纸张设定

端点 中点 圆心 交点 垂直 切点 引入 四分 最近 长度 半径 方向 取消 ⌒C ∿ .X .Y .Z

| F1 文字幕 | F2 记 录 | F3 清画面 | F4 求 助 | F5 数字盘 | F6 进 DOS | F7 网 点 | F8 轴 向 | F9 整 点 | F0 筛 选 |

图 1 - 1 - 35　屏幕菜单

使用键盘操作时,请按键盘最右边的【 + 】键。

3. 功能键菜单(见图 1 - 1 - 36)

| 图层:0 | 记录 | -11.7846, -15.0105, | 0.0000 | ĈAM |

TCAD/CAM

<<<<>>>>
图　　组
画　　图
编辑一
编辑二

画　　面
标尺寸
档　　案
切割一
切割二

纸张设定

端点 中点 圆心 交点 垂直 切点 引入 四分 最近 长度 半径 方向 取消 ⌒C ∿ .X .Y .Z

| F1 文字幕 | F2 记 录 | F3 清画面 | F4 求 助 | F5 数字盘 | F6 进 DOS | F7 网 点 | F8 轴 向 | F9 整 点 | F10 筛 选 |

图 1 - 1 - 36　功能键菜单

操作说明:

将光标移至屏幕下方,即会出现功能键菜单。

将光标移至该项,按鼠标左键即或招待该功能项,或直接按功能键亦可。

TCAD 的功能键说明如表 1 - 1 - 8 所示。

表 1 - 1 - 8   TCAD 的功能键说明

功能键	功能	说明	代替按键
F1	文字幕	可在绘图编辑区显示出绘图记录的文字窗口	Ctrl + Z
F2	记录	是否要记录 TCAD 的所有绘图记录(命令提示的内容)的切换键	
F3	清画面	清除画面上残留的难点或重新修整显示画面上图形	Esc 更快速
F4	求助	可查出指定 TCAD 指令的用法	Ctrl + H
F5	数字盘	可在屏幕右下方显示出一组数字窗口,以使用鼠标来输入数字	
F6	进入 DOS	可暂时回到 DOS 下操作,为再回到 TCAD,应键入 EXIT	Ctrl + D 与 SHELL
F7	网点	在画面上显示网点的切换及设置键	Ctrl + G
F8	轴向	是否要设置为绘图正交模式的切换键	Ctrl + O
F9	整点	整点模式的切换及设置键,使光标每次的移动量为固定距离	Ctrl + B
F10	筛选	可选择图元、图层以便作为编辑时的依据,缺省时为取消此项功能,可对所有图元、图层进行编辑	

任务实施

一、加工准备

1. 选择机床

加工本任务工件,选用的机床为北京迪蒙卡特 CTW320TA 数控电火花快速走丝线切割机床。

2. 选择毛坯

工件毛坯选用尺寸为 7 mm × 55 mm × 185 mm 的 45# 板材(见图 1 - 1 - 37)。

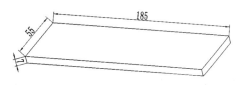

图 1 - 1 - 37   工件毛坯

二、双头呆扳手实例自动编程加工操作步骤

1. 数控线切割加工工艺过程的规定(见表1-1-9)

为了保证外形的尺寸精度,采用一次装夹方式完成加工。

表1-1-9 数控线切割加工工艺过程的规定

序号	工序名称	工序主要内容
1	零件毛坯确定	根据零件图,机械加工尺寸为7 mm×55 mm×185 mm的毛坯,毛坯厚度小于工件图厚度
2	TCAD绘制零件图	根据零件图要求,熟练操作软件对双头呆扳手进行绘制
3	自动编程零件程序	确定加工路线和生成3B代码加工程序
4	工件装夹校正	工件装夹后,校正185mm长度方向为基准边并与机床工作台 *X* 轴平行
5	电参数输入	输入脉宽、脉间、加工电流、工件厚度
6	切割零件	调出零件程序,检查无误后模拟仿真,启动加工
7	零件检测	用千分尺和游标卡尺检测相应尺寸

2. TCAD绘制双头呆扳手零件图操作

(1)绘制参考中心线

进入自动编程界面 →点击【画图】菜单工具条→选择【线段】命令→输入第一点坐标 (-55,0),并回车 →输入第二点坐标(55,0),回车→选择右边的工具条DI→ 输入与X轴夹角的度数10,回车→将鼠标往右边移动至绘图区边框附近,然后输入线段长度数值30,回车→按【Esc】键退出。参考中心线如图1-1-38所示。

图1-1-38 参考中心线

(2)绘制开口为18 mm的双头呆扳手形状

点击【画图】菜单工具条→选择【圆】菜单 →输入 C1 圆心坐标(-70.9,1.6),回车 →输入半径值14,回车。

选择【圆】菜单 →输入 C2 圆心坐标(-69.4,-7),回车 →输入半径值14,回车。

选择【圆】菜单 →输入 C3 圆心坐标(-77.6,-4),回车 →输入半径值13,回车。

点击【编辑二】菜单工具条→选择【平行偏位】菜单→选择右边的工具条【T】菜单→输入偏位量9,回车→用鼠标点击10°线段→在线段上方和下方分别左击一下,得出18 mm的开口线,如图1-1-39所示。

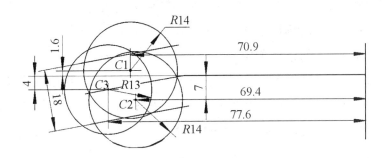

图1-1-39　绘制开口为18 mm的呆头形状

(3)绘制开口为14.5 mm的呆头形状

点击【画图】菜单工具条→选择【圆】菜单→输入C4圆心坐标值(66.8,5.7),回车→输入半径值12,回车。

选择【圆】菜单→输入C5圆心坐标(68-1.4),回车→输入半径值12,回车。

选择【圆】菜单→输入C6圆心坐标(74,3.4),回车→输入半径值11,回车。

点击【编辑二】菜单工具条→选择【平行偏位】菜单→选择右边工具条【T】菜单→输入偏位量7.25,回车→点击10°线段→在线段上方和下方分别左击一下,得出14.5 mm的开口线,如图1-1-40所示。

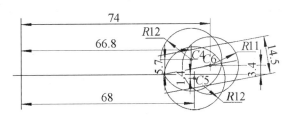

图1-1-40　绘制开口为14.5mm的呆头形状

(4)绘制扳手扶柄线段与外形连接过渡圆弧

1)绘制扳手扶柄线段

点击【画图】菜单工具条→选择【线段】→输入第一点坐标(-55,8.5),回车→输入第二点坐标(55,7.5),回车→按【Esc】键退出→继续点击【画图】菜单工具条→选择【线段】→输入第一点坐标(-55,-8.5),回车→输入第二点坐标(55,-7.5),回车→按【Esc】键退出。

2）绘制外形连接过渡圆弧

①绘制 18 mm 呆头的过渡圆弧。

点击【编辑二】菜单工具条→选择【圆角】菜单→选择右边的工具条【R】菜单→输入圆角的半径值 8，回车→分别鼠标点击 R14 圆和相连的扳手扶柄线段（上方和下方两处，分别左击点选），得出两个 R8 过渡圆弧，如图 1 - 1 - 41 所示。

②绘制 14.5 mm 呆头的过渡圆弧

点击【编辑二】菜单工具条→选择【圆角】菜单→选择右边工具条【R】菜单→输入圆角的半径值 6，回车→分别用鼠标点击 R12 圆和相连的扳手扶柄线段（上方和下方两处，分别左击点选），得出两个 R6 过渡圆弧，如图 1 - 1 - 41 所示。

图 1 - 1 - 41　呆头过渡圆弧

5）裁剪多余线段

点击【编辑一】菜单工具条→选择【修齐】菜单→选择右边工具条【ALL】菜单→右击→左击点选要裁剪的多余线段，完成双头呆扳手的绘制，如图 1 - 1 - 42 所示。

图 1 - 1 - 42　双头呆扳手

注意：在绘制图样时，图形的放大与缩小可以通过鼠标点击【画图】菜单工具条里的相关菜单【定窗】【全景】【前一景】【下一景】【放大 2 倍】【缩小 0.5 倍】等来实现。

在绘制图样过程中，如果有些线段裁剪不了，可以采用【删除】菜单来实现。

3. 自动编线切割加工路线

绘制完图样后，点击【编辑二】菜单工具条→选择【自动串接】菜单→右击两次，完成线段串接。

点击【线切割】菜单工具条→选择【线切割】菜单→选择右边工具条【M】菜单(选择手动编程模式)→左击点选起割点位置→点选切入位置→点选切割方向,完成自动编程,如1−1−43所示。

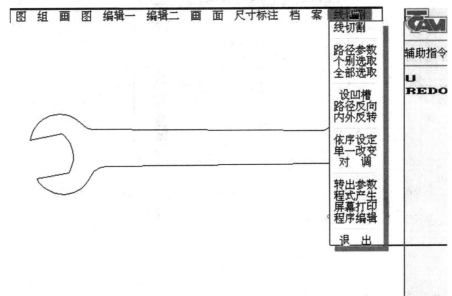

图1−1−43 自动编程

4. 3B 代码生成

点击【线切割】菜单工具条→选择【程序产生】菜单→在【请输入 NC 程式输出档名】中,输入要生成的文件名称→左击点选【OK】完成 3B 代码程序生成,如图 1−1−44 所示。

图 1 - 1 - 44　3B 代码生成

5.3B 代码查看与程序编辑

点击【线切割】菜单工具条→选择【程序编辑】菜单,跳出的【TCAM 简易 NC 程式编辑器】可以进行 3B 代码查看与程序编辑,如图 1 - 1 - 45 所示。

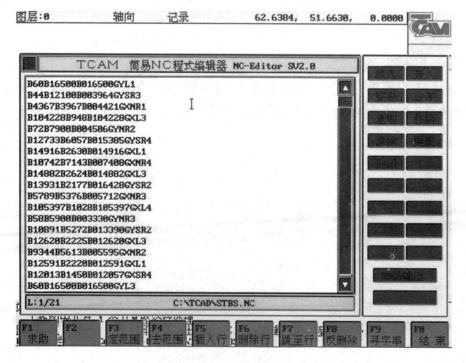

图 1 - 1 - 45　3B 代码查看与程序编辑

6. 装夹毛坯,校正加工基准(见图 1 - 1 - 46)

工件毛坯为 7 mm × 55 mm × 185 mm 的方形,零件外形为长条形,外形轮廓尺寸为 165 mm × 37 mm,在毛坯宽度为 55 mm 方向上,单边的余量为 9 mm;长度为 185 mm 方向,余量较大,有 20 mm,所以,夹持方向在此方向,夹持余量为 10 mm 左右,采用悬臂式压板夹持在工作台上。工件毛坯用百分表校正 X 轴方向。

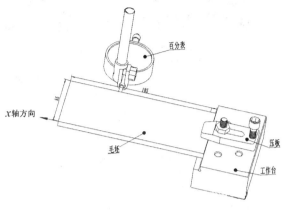

图 1 - 1 - 46　校正加工基准

校正方法:

(1)将百分表座吸在上丝架上,调节连杆使百分表测量头尽量垂直于工件 185 mm 尺寸方向面。

(2)用手动模式点动机床 X 轴移动,当百分表测量头碰到被测面后,吃表深度控制在 0.30 ~ 0.50 mm,然后点动机床 Y 轴移动,用铜棒敲磁力座(百分表读数大的一头),当百分表在 70 mm 面全长跳动在 0.02 mm 内,校正结束。

7. 加工电参数设定

根据加工工件的材质和高度,选择合理高频电规准,加工电流为 1.8A,脉冲宽度为 12 μs,脉冲间隔为 36μs。

8. 加工工件

先在机床加工界面上按【F7】键模拟仿真加工路线,没有问题后,用手动模式使电极丝走到钼丝进刀位置,相关位置尺寸如图 1 - 1 - 47 所示,然后启动机床加工零件。

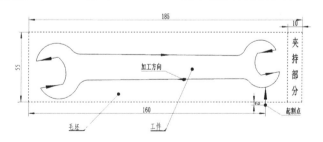

图 1 - 1 - 47　加工工件位置尺寸

9. 零件检测

加工完毕,取下零件,用 0 ~ 150 mm 游标卡尺检测零件 18 mm 和 14.5 mm 的开口尺寸,分别用一个 M10 螺母和一个 M8 螺母来检验,看是否符合扳紧要求。若不符合要求,找出原

第一部分　机床基础操作

因进行纠正,以备加工下一个零件。图1-1-48所示为工件与废料图。

(a)双头呆扳手　　　　　　　　　(b)废料

图1-1-48　工件与废料图

10. 小结

此任务重点讲述了TCAD自动编程软件的使用,以双头呆扳手为实例绘制编程,并启动线切割机床进行简单的毛坯校正和对实例零件进行加工操作,可以提高学生的线切割自动编程加工的基本功操作能力。

工作完后,应切断电源、清扫切屑、擦净机床,夹具和附件等应擦拭干净并放回原处,在导轨面上加注润滑油,各部件应调整到正常位置,打扫现场卫生,填写设备使用记录表。

任务巩固

1. 简述采用百分表校正工件的注意事项。

2. 简述自动编程加工零件及工艺流程。

工作任务

一、任务图样(见图1-1-49)

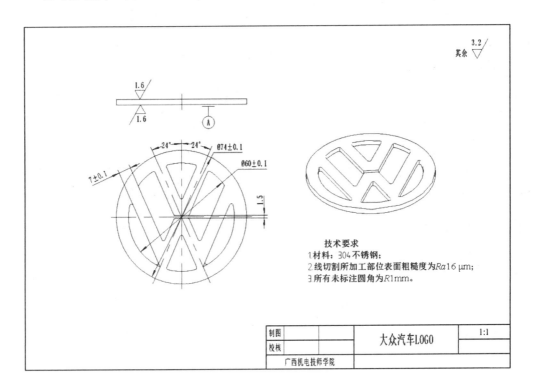

技术要求
1. 材料:304 不锈钢;
2. 线切割所加工部位表面粗糙度为Ra16 μm;
3. 所有未标注圆角为R1mm。

制图		大众汽车LOGO	1:1
校核			
广西机电技师学院			

图1-1-49 任务图样

此零件是大众汽车商标的 LOGO,其外部形状是一个圆环,内部由两个大写英文字母 V 和 W 组成,毛坯为 304 不锈钢板材,工件厚度为 3 mm,外形直径为 φ74 mm,圆环与字母轮廓边宽都为 7 mm,V 和 W 字母的轮廓边与 y 轴基准线成 24°角。

未标注圆角为 R1 mm,线切割加工面粗糙度均为 Ra1.6 μm。

在本零件中,考虑到 V 和 W 字母在圆环中心位置的对称及形状的美观,需要进行跳步切割,这样才能保证零件的整体完整性。

二、评分标准(见表 1 - 1 - 10)

表 1 - 1 - 10 评分标准

序号	考核内容	配分	评分标准	自测	教师测	扣分	总得分
1	汽车 LOGO 图样绘制	15	轮廓绘制错误 1 处扣 2 分				
2	图样跳步编程	10	编程参数错误 1 次扣 2 分				
3	毛坯工件准备(穿丝孔钻孔)	12	穿丝孔距偏差在 3 mm 以上,每个孔扣 2 分				
4	跳步工艺操作(穿丝、上丝)	15	轮廓绘制错误 1 处扣 2 分				
5	汽车 LOGO 加工	28	外形尺寸误差 1 处扣 4 分				
6	工作态度	10	认真情况扣分				
7	6S 现场管理	10	酌情扣分				

任务目标

一、知识目标

1. 掌握线切割跳步编程与加工方法。

2. 掌握上钼丝、穿丝和自动找中技能操作。

二、技能目标

1. 能够根据程序的引入位置和切割方向,正确装夹工件、穿丝和定位电极丝。

2. 能对实例工件进行绘制、编程,生成加工代码,启动线切割机床加工零件。

任务准备

一、跳步加工概述

当一个模具由有多个封闭路径组成时,此模具称为"跳步模",比如,复合模具的凸凹模和级进模具的型孔加工,凸模与凹模、型孔与型孔的位置精度要求较高,如果用电火花线切割分别加工凸模与凹模,以及加工型孔很难保证精度要求,在这种情况下就要使用电火花线切割跳步加工这种加工方法。图 1 - 1 - 50 所示为启瓶器模具的凸凹模跳步加工轨迹。加工方法是:

（1）第 1 步加工内型凹模孔,加工完毕钼丝将停止运动,关闭工作液和走丝机构,拆下钼丝,再按电脑屏幕上的"继续"键,机床工作台将沿虚线方向移动到第 2 个穿丝孔的位置(加工前穿丝孔已经用钻床加工)。

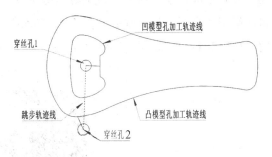

图 1 - 1 - 50　启瓶器模具的凹凸模跳动加工轨迹

（2）将钼丝从第二个穿丝孔穿过,重新固定在储丝筒上,按走丝按钮和工作液按钮,再次按"继续"键,机床开始加工凸模轮廓。

（3）切割完成后,关闭走丝机构和工作液泵,关闭总电源,取下凸凹模。

二、钼丝安装

1. 安装钼丝

上丝操作步骤:钼丝从储丝筒 0 拉出,经过轮 1→过轮 2→导电块 3→主导轮 4→主导轮 5→导电块 6→导电块 7→导轮 8→导轮 9,用力拉紧钼丝,并绕在储丝筒 10 的螺丝钉上,用螺丝刀拧紧螺丝钉,把钼丝固定好。最后检查电极丝是否在导轮槽和导电块上,将换下或扯断的废丝放在规定的容器内,防止将它们混入电器和走丝系统中去,造成电器短路、触电和断丝等事故。上丝示意图见图 1 - 1 - 51。

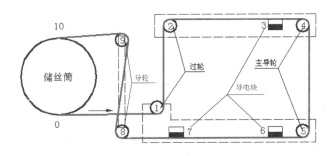

图 1 - 1 - 51　上丝示意图

2. 上丝

将钼丝盘紧固于绕丝轴上,松开丝筒拖板行程撞块。开动走丝电机,将丝筒移至左端后停止,把钼丝一端紧固在丝筒右边固定螺钉上,利用绕丝轴上的弹簧使钼丝张紧。张力大小可调整。绕丝轴上螺母,先用手盘动丝筒,使钼丝卷到丝筒上,再开动走丝电机(低速),使钼丝均匀地卷在丝筒表面,待卷到另一端时,停止走丝电机,折断钼丝(或钼丝终了时),将钼丝端头暂时紧固在卷丝筒上。开动走丝电机,调整拖板行程撞块,使拖板在往复运动时走丝电机两端钼丝存留余量 5 mm 左右,停止走丝电机,使拖板停在钼丝端头,处于线架中心的位置。丝筒和行程撞块实物图如图 1 - 1 - 52 所示。

图 1 - 1 - 52　丝筒和行程触撞块实物图

3. 穿丝

如工件上有穿丝孔,将工作台移动至工件穿丝孔的位置,从储丝筒上取下钼丝端头,通过如图 1 - 1 - 52 所示导轮 1、2、4,穿过工件穿丝孔,再从下导轮 5,导向过轮装置 8 和 9 引向储丝筒,张紧后并固定,检查高频电源进电块 3、6 和断丝保护块 7 表面是否干净,并且使钼丝与表面相接触,没有异常后,用手搬动储丝筒逆时针旋转,钼丝绕叠有 5 mm 左右时停下,目的是给储丝筒启动旋转时换向缓冲,预防断丝。

三、电极丝定位方法

进行线切割加工时,要将电极丝调整到切割的起始位置上,即以穿丝点为程序原点。一般常用的电极丝定位方法有目测法、火花法、自动找中心法和靠边定位法。以机床的自动靠边或自动找中心来确定基准面和基准孔是最常用的方法,如图 1 - 1 - 53 所示。

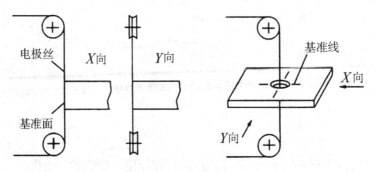

图 1 - 1 - 53　电极丝定位方法

任务实施

一、加工准备

1. 选择机床

加工本任务工件,选用的机床为北京迪蒙卡特 CTW320TA 数控电火花快速走丝线切割机床。

2. 选择毛坯

工件毛坯选用 3 mm 厚的 304 不锈钢板材,由剪床下料,尺寸为 95 mm×85 mm;钳工根据图样要求画线,钻 5 个直径为 5 mm 和 1 个直径为 8 mm 的穿丝孔,如图 1-1-54 所示。

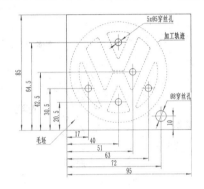

图 1-1-54 根据图样画线

二、汽车商标 LOGO 零件加工操作步骤

1. 数控线切割加工工艺过程的规定(见表 1-1-11)

为了保证外形的尺寸精度,采用一次装夹方式完成加工。

表 1-1-11 数控线切割工工艺过程的规定

序号	工序名称	工序主要内容
1	零件毛坯确定	根据零件图,剪床下料 3 mm × 80 mm × 95 mm,钳工钻穿丝孔
2	TCAD 绘制零件图	根据零件图要求,熟练操作软件,绘制大众汽车商标LOGO
3	编零件跳步加工程序	确定加工路线、生成和编辑 3B 代码加工程序
4	工件装夹、校正	工件装夹后,校正 85 mm 长度方向为基准边并与机床工作台 X 轴平行
5	电参数输入	输入脉宽、脉间、加工电流、工件厚度
6	切割零件	调出零件程序,检查无误后模拟仿真,启动加工
7	零件检测	用千分尺和游标卡尺检测相应尺寸

2.编制跳步加工轨迹方法

根据本任务图样,进入 TCAD 线切割绘图编程系统,绘制好大众汽车商标 LOGO 图。根据最短线路原则,编跳步加工轨迹操作步骤:点击【线切割】菜单工具条→选择【线切割】菜单→选择右边工具条【M】菜单(M 为手动编程模式)→左击点选第 1 个图形的起割点位置→点选切入位置→点选切割方向,完成第 1 个图形加工轨迹编程。依次对第 2、第 3、第 4 等图形进行加工轨迹编程。所有图形都编完加工轨迹后,点击【线切割】菜单工具条→选择【程序产生】菜单→在【请输入 NC 程式输出档名】中,输入要生成的文件名称→左击点选【OK】完成 3B 代码程序生成。如图 1 - 1 - 55 所示为加工轨迹编程图,其中粗实线为加工轨迹,虚线为跳步轨迹。

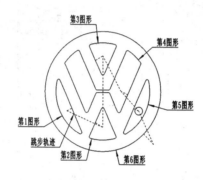

图 1 - 1 - 55 加工轨迹编程图

3.跳步程序 3B 代码编辑

本系统一个跳步轨迹加工完毕的结束符为"A",从前一跳步模到下一跳步模的引入段完毕后也为"A",整个程序结束符为"D"。对于跳步零件加工,只需在对生成的 3B 代码进行整存时把所有的 DD 指令结束符改为"A"即可。最后,在对 3B 代码进行整存后便可进入CNC2 进行加工。

操作方法:点击【线切割】菜单工具条→选择【程序编辑】菜单,跳出的【TCAM 简易 NC程式编辑器】中,在每个图形跳步程序的前一段和后一段,都有两个"DD"字母,改成"A",→点击右边菜单【整存】→点击【OK】替代原文件名,就可以实现跳步功能。图 1 - 1 - 56 所示为【程序编辑】菜单。

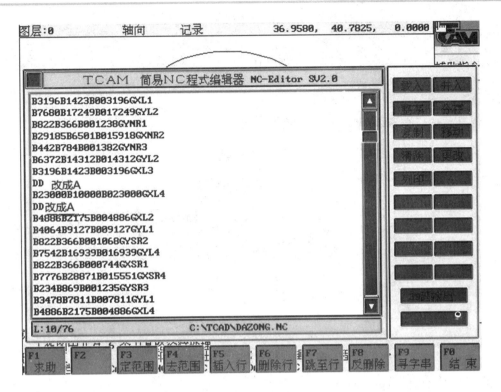

图 1 - 1 - 56 【程序编辑】菜单

4. 装夹毛坯,校正加工基准

工件毛坯为 3 mm×85 mm×95 mm 的方形,零件外形为长条形,外形轮廓尺寸为 φ74 mm,在毛坯宽度 85 mm 方向,单边的余量为 5.5 mm;长度 95 mm 方向,余量较大,有 21 mm,所以,夹持方向在此方向,夹持余量为 10 mm 左右,采用悬臂式,压板夹持在工作台上。工件毛坯用划针校正 X 轴方向。

校正方法:

(1)将划针座安装在上丝架上,调节划针头尽量垂直于上表面;针尖对准毛坯上划好的校正校,如图 1 - 1 - 57 所示。

(2)用手动模式点动机床 x 轴移动,当划针头运动轨迹与被测线平行后,校正结束。

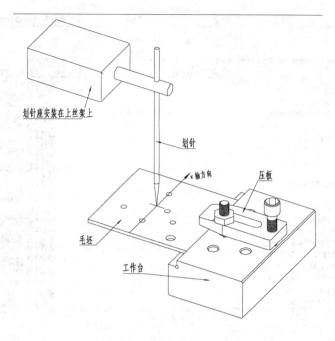

划针座安装在上丝架上

划针

x轴方向

压板

毛坯

工作台

图1-1-57 校正方法示意图

5. 自动找中

工件校正完毕,穿钼丝进第1个加工轨迹的穿丝孔,使用手动模式点动机床工作台运动,使钼丝大概位于穿丝孔的中心,采用线切割机床的【自动对中】功能,进行找正穿丝孔中心,如图1-1-58所示。

北京迪蒙卡特CTW320TA数控电火花快速走丝线切割机床,自动对中心方法如下:在DOS系统下,先进入CNC2主界面,按下控制柜操作面板的【进给】和【变频】键,在主菜单中选择【自动对中心】一项(见图1-1-58所示),选中主菜单的对中心或靠边定位功能,按回车键即可。按Esc键随时退出。找完中心后关闭"变频"。注意:使用此功能,必须是在停丝和停水的状态。

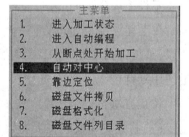

主菜单
1. 进入加工状态
2. 进入自动编程
3. 从断点处开始加工
4. 自动对中心
5. 靠边定位
6. 磁盘文件拷贝
7. 磁盘格式化
8. 磁盘文件列目录

图1-1-58 选择【自动对中心】

6. 加工电参数设定

根据加工工件的材质和高度,选择合理高频电源规准,加工电流为1A,脉冲宽度为12 μs,脉冲间隔为30 μs。

7. 加工工件(跳步操作)

先在机床加工界面上,按【F7】键模拟仿真加工路线,没有问题后,按【Esc】键退出,启动储丝筒旋转和开启工作液系统,调节进给旋钮到5刻度,按【F8】键机床开始加工第1个型孔轨迹。

加工完成第 1 个型孔轨迹,机床会暂停,这时根据计算机屏幕显示的【请拆钼丝,按回车键】操作——拆丝,按【回车】键,机床自动快速运动到第 2 个型孔的穿丝孔位置,这时根据计算机屏幕显示的【请穿上丝,按回车键】操作——穿丝,按【回车】键,启动储丝筒旋转和开启工作液系统,机床继续加工第 2 个型孔。第 3、4、5 个型孔和外形的跳步加工操作方法相同。

8. 零件检测

加工完毕,取下零件,用 0 ~ 150 mm 游标卡尺检测零件外形尺寸 ϕ74 mm 和 7 mm 字宽,看是否符合图样要求。若不符合要求,找出原因并纠正,以备加工下一个零件。图 1 – 1 – 59 所示为工件与废料图。

（a）　　　　　　　　　　（b）

图 1 – 1 – 59　工件与废料图

9. 小结

此任务重点讲述了线切割跳步的自动编程、代码编辑和加工操作,以及钼丝安装。以大众汽车商标为实例绘制编程加工,采用划针对毛坯进行校正,可以提高学生的线切割基本功操作能力。

工作完成后,应切断电源、清扫切屑、擦净机床,夹具和附件等应擦拭干净并放回原处,在导轨面上加注润滑油,各部件应调整到正常位置,打扫现场卫生,填写设备使用记录表。

任务巩固

1. 简述线切割跳步加工的基本流程及注意事项。

2. 简述上丝的基本要求。

1.5 任务五　V形块加工

工作任务

一、任务图样(见图1-1-60)

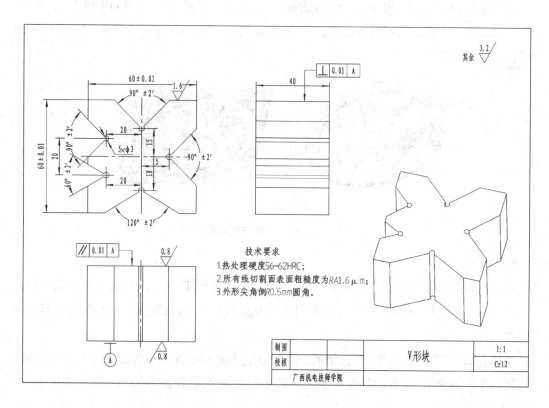

技术要求
1.热处理硬度56~62HRC；
2.所有线切割面表面粗糙度为RA1.6μm；
3.外形尖角倒R0.5mm圆角。

制图			V形块	1:1
校核				Cr12
广西机电技师学院				

图1-1-60　任务图样

此零件是一个V形块,材料为Cr12,淬火热处理硬度为56~62HRC,工件厚度为40 mm,V形块外形尺寸60 mm的制造公差为0.02 mm,切割面与基准面的垂直度为0.01 mm,V形块上度角有60°、90°和120°。线切割加工面粗糙度均为 $Ra1.6$ μm。

二、评分标准(见表 1-1-12)

表 1-1-12　评分标准

序号	考核内容	组	配分	评分标准	自测	教师测	扣分	总得分
1	60 mm ± 0.02 mm	2	2×10	每组超差扣 10 分				
2	60°±2′	1	10	超差扣 10 分				
3	90°±2′	3	3×10	每组超差扣 10 分				
4	120°±2′	1	10	超差扣 10 分				
5	切割面粗糙度为 $Ra1.6\ \mu m$	19	19×0.5	降一级扣 0.5 分				
6	工件完整		10	酌情扣分				
7	安全文明操作		12	酌情扣分				

◆任务目标

一、知识目标

1. 掌握电火花线切割加工电参数选择。

2. 掌握工件安装与校正方法。

二、技能目标

1. 能根据工件材料、厚度、加工精度和表面质量等选择合理的机床加工电参数。

2. 能根据工件要求对毛坯进行装夹和校正。

3. 能完成 v 形块的工件编程加工。

◆任务准备

一、电参数选择

1. 高频脉冲电源工作原理

高频脉冲电源由脉冲发生器、推动级、功率输出级和整流级等部分组成。其方框图如图 1-1-61 所示。

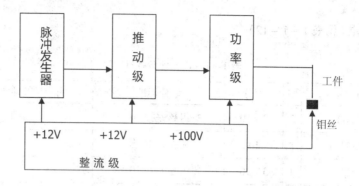

图 1 - 1 - 61 脉冲发生器的工作原理

本电源由两片 NE555 时序逻辑电路组成脉冲发生器,脉冲发生器产生矩形脉冲,脉冲波形如图 1 - 1 - 62 所示。

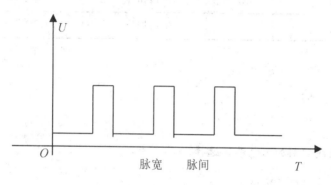

图 1 - 1 - 62 脉冲波

2.脉冲参数

加工脉冲参数的选取正确与否,直接影响着工件的加工质量和加工状态的稳定。矩形脉冲主要由以下几个参数组成:脉冲幅值、脉冲宽度、脉冲间隔和脉冲频率。当脉冲幅值确定后,加工工件质量和效率主要取决于脉冲宽度和峰值电流。

(1)脉冲宽度及间隔

北京迪蒙卡特 CTW320TA 高频脉冲电源共有 11 种脉冲宽度供用户选择调节。调节面板 S1 旋钮可改变脉冲宽度,顺时针转,脉冲宽度加大,同时脉冲间隔也以一定比例加大。为了使加工过程稳定,可调节面板 S3 旋钮,改变脉冲间隔。顺时针转,脉冲间隔加大。在加工非淬火材料和厚工件时,尽可能将脉冲间隔加大,这样有利于加工状态稳定。

(2)峰值电流

北京迪蒙卡特 CTW320TA 高频脉冲电源设有 9 挡加工电流供用户选用。各挡电流大小相等。如何正确选用加工电流直接影响加工工件表面的粗糙度和电极丝的损耗。若加工电

50

流选择过小,将导致加工状态不稳或无法加工。若加工电流选择过大,将造成电极丝损耗过大,增加断丝频率。

3. 脉冲参数选取

下面将高频脉冲电源参数列表,如表1-1-13所示。

表1-1-13 高频脉冲电源参数

序号	脉冲宽度	脉冲间隔(最小)	脉冲间隔(最大)
1	2 μs	8 μs	18 μs
2	4 μs	12 μs	24 μs
3	4 μs	16 μs	24 μs
4	8 μs	24 μs	32 μs
5	8 μs	32 μs	42 μs
6	16 μs	48 μs	64 μs
7	35 μs	220 μs	420 μs
8	40 μs	360 μs	600 μs
9	50 μs	400 μs	600 μs
10	60 μs	440 μs	620 μs
11	80 μs	680 μs	800 μs

根据加工工件的厚度选择脉宽,当加工工件厚度较薄时,可选择小脉宽,工件厚度较厚时选择大脉宽。一般情况下1、2两种脉宽电流微弱,不使用。以上脉冲参数选取方法仅供用户在加工工件时做参考。由于加工的工件薄厚不同,材质不同,以及光洁度要求不同,脉冲参数应根据实际情况灵活选取,但不能违反2.节所述。

部分工件尺寸及加工参数对照表如表1-1-14所示。

表1-1-14 45# GCr15、40Cr、CrWMn 加工参数对照表

工件厚度(mm)	脉宽(挡)	进给	电流(管子个数)
0～5	6	6:00～7:00	5
5～10	6～7	6:00	5
10～40	7～8	5:00	5～6
40～100	8	4:00	6

工件厚度(mm)	脉宽(挡)	进给	电流(管子个数)
100 ~ 200	8	3:30 ~ 4:00	6 ~ 7
200 ~ 300	8 ~ 9	3:00 ~ 3:30	7 ~ 8
300 ~ 500	9 ~ 10	2:30 ~ 3:30	8 ~ 9

注意:在加工工件的过程中,应尽可能将 S3 旋钮向顺时针方向转。

二、工作液配置(以型号 DX – 3 乳化油为例)

高速走丝电火花线切割在实际加工中的工作液浓度配置也相当重要,太浓或太淡均会引起断丝,因此,工作液的浓度应根据加工件材料的性能、加工工艺要求,以及加工精度和加工工件的厚度来配置。

1. 工作液的配制方法

一般按一定比例将自来水冲入乳化油,搅拌后使工作液充分乳化成均匀的乳白色。天冷(在 0℃ 以下)时可先用少量开水冲入拌匀,再加冷水搅拌。某些工作液要求用蒸馏水配制,最好按生产厂的说明配制。

2. 工作液的配制比例

根据不同的加工工艺指标,一般在 5% 至 20% 范围内(乳化油为 5% ~ 20% ,水为 95% ~ 80%)。一般均按质量比配制。在称量不方便或要求不太严时,也可大致按体积比配制。

3. 工作液的使用方法

(1)对加工表面粗糙度和精度要求比较高的工件,浓度比可适当大些,约为 10% ~ 20% ,这可使加工表面洁白、均匀。加工后的料芯可轻松地从料块中取出,或靠自重力落下。

(2)对要求切割速度高或大的工件,浓度可适当小些,约为 5% ~ 8% ,这样加工比较稳定,且不易断丝。

(3)对材料为 Cr_{12} 的工件,工作液用蒸馏水配制,浓度稍小些,这样可减轻工件表面的黑白交叉条纹,使工件表面洁白、均匀。

(4)新配制的工作液,当加工电流约为 2 A 时,其切割速度约为 40 mm^2/min,若每天工作 8 h,使用约 2 天以后效果最好,继续使用 8 ~ 10 天后就易断丝,须更换新的工作液。加工时供液一定要充分,且要使工作液包住电极丝,这样才能使工作液顺利进入加工区,达到稳定加工的效果。

三、穿丝孔

1.线切割穿丝孔的作用

(1)对于切割凹模或带孔的工件,必须先有一个孔用来将电极丝穿进去,然后才能进行加工。

(2)减小凹模或工件在线切割加工中的变形程度。在线切割中工件坯料的内应力会失去平衡而产生变形,影响加工精度,严重时切缝甚至会夹住、拉断电极丝。

综合考虑内应力导致的变形等因素,可以看出图1-1-63中(c)最好。在图1-1-63(d)中,零件与坯料工件的主要连接部位被过早地割离,余下的材料被夹持部分少,工件刚性大大降低,容易产生变形,从而影响加工精度。

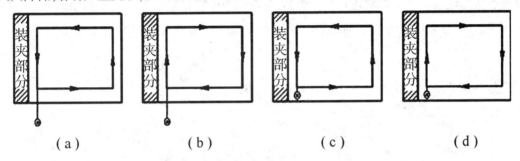

图1-1-63 切割凸模时穿丝孔位置及切割方向比较图

2.穿丝孔的加工

穿丝孔的加工方法取决于现场的设备。在生产中穿丝孔常常用钻头直接钻出来,对于材料硬度较高或工件较厚的工件,则需要采用高速电火花加工等方法来打孔。

3.穿丝孔的位置及直径的选择

(1)穿丝孔走丝大小应适当,一般规格为2~8 mm;如果穿丝孔走丝过小,既增加钻孔难度又不方便穿丝;若孔径太大,则会增加钳工工作量。

(2)穿丝孔既是电极丝相对于零件运动的起点,也是线切割程序执行的起点(或称为程序"零件"),一般应选择在工件的基准点处。

(3)对于凸模类零件,通常选在坯件内部或外形附近预制穿丝孔,且切割时运动轨迹与坯件边缘距离应大于5 mm。

(4)切割凹模(或孔腔)类零件时,穿丝孔的位置一般可选在待切割型孔(腔)的边角处,以缩短无用轨迹,并力求使之最短。

(5)若切割圆形孔类零件,可将穿丝孔位置选择在型孔中心,这样便于编程与操作加工。

(6)穿丝孔应在零件淬硬之前加工好,且加工后应清除孔中铁屑、杂质。

第一部分 机床基础操作

任务实施

一、加工准备

1. 实训设备工具及量具

CTW320TA 数控电火花线切割机床 1 台、特种加工专用油 1 桶,φ0.18 mm 钼丝 1 盘,活动扳手 1 把,压板和螺钉 1 套,十字/一字螺丝刀 1 把,百分表与百分表座 1 套,直角尺 1 把,0 ~150 mm 游标卡尺 1 把,0 ~25 千分尺 1 把,25 ~50 mm 千分尺 1 把。

2. 毛坯准备与穿丝孔位置

根据本任务图样要求,为避免变形,在淬火前先在毛坯上打出穿丝孔,孔径为 φ8 mm,待淬火后从毛坯内部对 V 形块进行封闭切割,穿丝孔的位置宜选在加工图形的拐角附近,以简化编程运算,缩短切入时的切割行程。穿丝孔在毛坯中的相关位置的尺寸如图 1 - 1 - 64 所示。

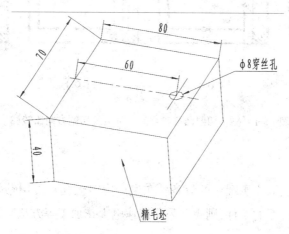

图 1 - 1 - 64　穿丝孔在毛坯中的相关位置

二、V 形块零件加工操作步骤

1. 数控线切割加工工艺过程的规定(见表 1 - 1 - 15)

为了保证外形的尺寸精度,采用一次装夹方式完成加工。

表 1 - 1 - 15　数控线切割加工工艺过程的规定

序号	工序名称	工序主要内容
1	零件毛坯确定	根据零件图要求审核毛坯,Cr12 材料的厚度为 40 mm,硬度为 HRC56 ~ 62,精料
2	TCAD 绘制零件图	根据零件图要求,熟练操作软件对 V 形块进行绘制
3	编零件跳步加工程序	确定加工路线、生成 3B 代码加工程序
4	工件装夹、校正	工件装夹后,校正 80 mm 长度方向为基准边并与机床工作台 X 轴平行
5	工作液配置	乳化油与自来水比例为 1:12
6	电参数输入	输入脉宽、脉间、加工电流、工件厚度
7	切割零件	调出零件程序,检查无误后模拟仿真,启动加工
8	零件检测	用千分尺和游标卡尺检测相应尺寸

2. 编制加工轨迹

根据本任务图样,进入 TCAD 线切割绘图编程系统,绘制好 V 形块零件图,编制加工路线,如图 1 - 1 - 65 所示。

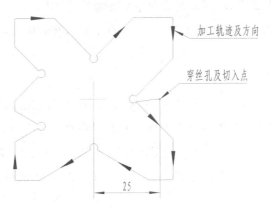

图 1 - 1 - 65　加工路线编制

3. 3B 代码程序(见表 1 - 1 - 16)

表 1 - 1 - 16　加工路线编制

N 1	B	8942 B	917 B	8942 GX	L3	N 17	B	1058 B	917 B	3766 GY	NR3
N 2	B	14042 B	14042 B	14042 GY	L4	N 18	B	9042 B	9041 B	9042 GX	L2
N 3	B	0 B	14541 B	14541 GY	L4	N 19	B	0 B	10052 B	10052 GY	L2

续表

N 4	B	600 B	0 B	600 GX	SR4	N 20	B	600 B	0 B	600 GX	SR2
N 5	B	8742 B	0 B	8742 GX	L3	N 21	B	14541 B	0 B	14541 GX	L1
N 6	B	19599 B	11315 B	19599 GX	L2	N 22	B	14042 B	14042 B	14042 GY	L4
N 7	B	1159 B	785 B	4370 GY	NR4	N 23	B	917 B	1058 B	3766 GX	NR2
N 8	B	19599 B	11315 B	19599 GX	L3	N 24	B	14041 B	14042 B	14042 GY	L1
N 9	B	8742 B	0 B	8742 GX	L3	N 25	B	14541 B	0 B	14541 GX	L1
N 10	B	0 B	600 B	600 GY	SR3	N 26	B	0 B	600 B	600 GY	SR1
N 11	B	0 B	13785 B	13785 GY	L2	N 27	B	0 B	14542 B	14542 GY	L4
N 12	B	8840 B	5104 B	8840 GX	L1	N 28	B	14042 B	14041 B	14042 GX	L3
N 13	B	1259 B	612 B	4376 GY	NR3	N 29	B	1058 B	917 B	3766 GY	NR1
N 14	B	8840 B	5104 B	8840 GX	L2	N 30	B	8943 B	917 B	8943 GX	L1
N 15	B	0 B	3815 B	3815 GY	L2	N 31	DD				

4. 装夹毛坯,校正加工基准的

工件毛坯为 40 mm × 70 mm × 80 mm 的方形,零件毛坯为长方体,外形轮廓尺寸为 60 mm × 80 mm。在毛坯宽度 70 mm 方向,单边的余量为 5 mm;长度 80 mm 方向,余量较大,有 20 mm,所以,夹持方向在此方向,夹持余量为 10 mm 左右。采用悬臂式,压板夹持在工作台上。用百分表校正毛坯上表面的平行度和 80 mm 长度方向与机床 X 轴方向的平行度。

校正方法:

毛坯上表面的平行度校正(见图 1 - 1 - 66):① 压板预压紧毛坯,将百分表座吸在上丝架上,调节连杆使百分表测量头垂直于毛坯上表面。当百分表测量头碰到被测面后,吃表深度控制在 0.30 ~ 0.50 mm 左右。② 用手动模式点动机床 X 轴或 Y 轴移动,观察百分表指针摆动量,根据现场情况,安装调整毛坯,当平面上的 X 轴和 Y 轴跳动在 0.01 mm 内时,校正结束。

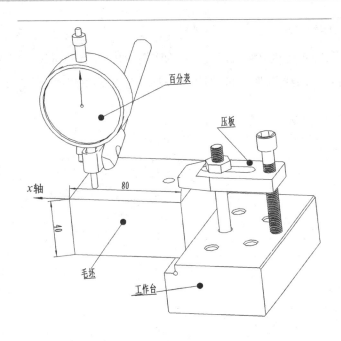

图 1 - 1 - 66　毛坯上表面的平行度校正

　　毛坯80 mm长度方向的平行度校正(见图1 - 1 - 67):①重新调整百分表位置,百分表测量头垂直于毛坯上80 mm长度方向基准边,当百分表测量头碰到被测面后,吃表深度控制在0.30 ~ 0.50 mm左右;②用手动模式点动机床X轴移动,当百分表指针摆动有偏差时,用铜棒轻微敲击基准边的对边(百分表读数大的一边),当80 mm全长跳动在0.02 mm内,夹紧毛坯,校正结束。

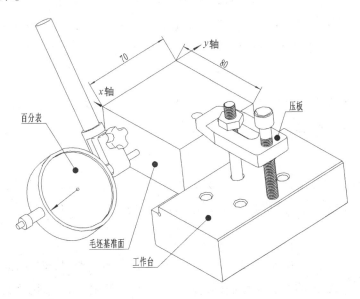

图 1 - 1 - 67　毛坯80 mm长度方向的平行度校正

5. 穿钼丝和自动找中

工件校正完毕,穿钼丝进 φ8 mm 穿丝孔,使用手动模式点动机床工作台运动,使钼丝大概位于穿丝孔中心,采用线切割机床的【自动找中】功能找正穿丝孔中心,如图 1 - 1 - 68 所示。

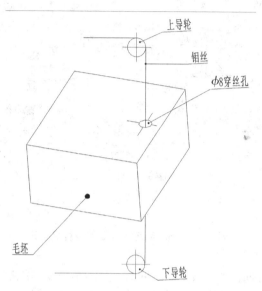

上导轮
钼丝
φ8穿丝孔
毛坯
下导轮

图 1 - 1 - 68　穿钼丝和自动找中

6. 工作液配置

根据图样的要求(工件材料为 Cr12、经过热处理淬火硬度为 56 ~ 62HRC,厚度为40 mm,外形尺寸制造公差为 0.02 mm 和角度形状制造公差为 ±2′),采用型号为 DX - 3 的 (有色金属专用型)线切割乳化油与自来水配置工作液,乳化油与自来水比例为 1 : 12。

7. 加工电参数设定

根据加工工件的材质和厚度选择合理的高频电源规准,加工电流为 2.2A,脉冲宽度为 35 μs,脉冲间隔为 300 μs。

8. 切割工件

先在机床加工界面上,按【F7】键模拟仿真加工路线,没有问题后,按 Esc 键退出,启动丝筒旋转和开启工作液,调节进给旋钮到 5:00 刻度,按【F8】键机床开始加工。

9. 零件检测

加工完毕,取下零件,用 50 ~ 75 mm 千分尺检测零件外形尺寸 60 mm,用万能量角器检测角度 60 °、90°、120°,看是否符合图样要求。若不符合要求,找出原因进行纠正,以备加工下一个零件。图 1 - 1 - 69 所示为工件与废料图。

(a)工件   (b)废料

图1-1-69 V形工件和废料

10. 小结

此任务重点讲述了根据工件技术要求,合理选用切割电参数和线切割工作液的配置,以精毛坯装夹、平面度和基准边校正方法,培养学生思考、分析、计算、动手等方面的综合能力和技能。

工作完后,应切断电源、清扫切屑、擦净机床,夹具、附件和量具等应擦拭干净并放回原处摆放整齐,在导轨面上加注润滑油,各部件应调整到正常位置,打扫现场卫生,填写设备使用记录表。

//////////// **1.6 任务六 正六方锥体加工** ////////////

工作任务

一、任务图样(见图1-1-70)

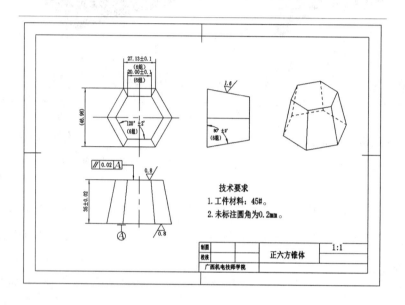

技术要求

1. 工件材料:45#。
2. 未标注圆角为0.2mm。

制图		正六方锥体	1:1
校核			
广西机电技师学院			

图1-1-70 任务图样

此零件为一个带10°的正六方锥体,毛坯为已经加工好的 A_3 材料,工件厚度为35 mm,正六方锥体零件的小端六边形边长为20 mm,零件以 A 面为基准,锥度为80°,经过计算得大端边长为27.13 mm。线切割加工锥度面粗糙度均为 Ra3.2。

二、评分标准(见表1-1-17)

表1-1-17 评分标准

序号	考核内容	组	配分	评分标准	自测	教师测	扣分	总得分
1	20 mm ±0.010 mm	6	6×5	每组超差扣2分				
2	27.13 mm ±0.010 mm	6	6×5	每组超差扣2分				
3	120° ±2′	6	6×2	每组超差扣2分				
4	80° ±2′	6	6×2	每组超差扣2分				
5	切割面粗糙度为 Ra1.6 μm	6	6×1	降一级扣0.5分				
6	工件完整		5	酌情扣分				
7	安全文明操作		5	酌情扣分				

任务目标

一、知识目标

1. 掌握电火花线切割锥度加工原理。

2. 掌握钼丝垂直校正方法及机床锥度参数的测量与计算。

3. 掌握锥度零件编程加工的方法。

二、技能目标

1. 能对钼丝进行垂直校正。

2. 能对锥度零件进行编程加工。

任务准备

一、线切割锥度加工原理

锥度加工是通过锥度线架来实现的,常见的锥度切割原理是下导轮中心轴线固定不动,上导轮通过步进电动机驱动 U、V 十字拖板,带动其 4 个方向 X、Y、U、V 轴联动控制,使电极丝与垂直线偏移角度,并与 X、Y 轴按轨迹运动,可方便地实现常规锥度加工和上下异形面加工。

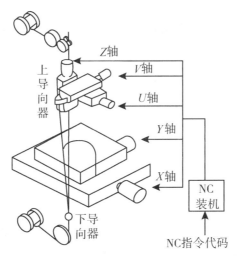

图 1-1-71　锥度加工装置

二、TCAD 编程界面

有锥度画图进程与普通画图大致一样,不同之处是需要从同一引入点进行两次引入切

第一部分　机床基础操作

割,其余部分和无锥度操作步骤一样。

完成所有的操作后把锥度 3B 代码进行整存,退出线切割作图界面(放弃作图或结束作图),进行以下操作(见图 1 - 1 - 72)。

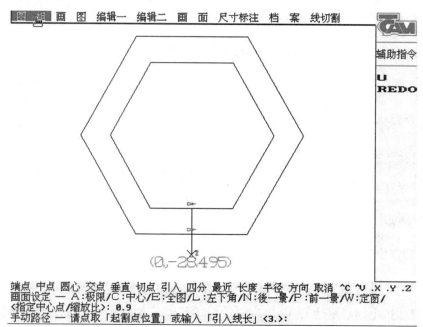

图 1 - 1 - 72　操作示例

出现红蓝分明的上下图形,说明相应的锥度转换完成。按键盘上的【Esc】键,使用 CD\ 退出 TCAD 界面。

输入:C:\TCAD >　　TRAN　< CR >

File Name:　　*.nc（文件名.nc）　< CR >

Piont num:100 < CR >

然后可从 CNC2 操作界面上调出该程序进行加工。

三、锥度加工时的画面介绍

如果操作者选择了【有锥度加工】,操作者可进行锥度加工前的准备工作,即通过磁盘上方的【F1 ~ F8】功能键进行必要的参数输入和操作。此时,【F1 ~ F8】的许多定义与无锥度加工时相同,下面就主要不同点做一介绍。

【F1】——*XY* 移动

同无锥度加工的"F1 - *XY* 移动"。

【F2】——*UV* 移动

按下【F2】键,此时操作者用手控盒选择 +U、−U、+V 和 −V。当按下某键后,屏幕右上角 U、V 显示的值就是机床 UV 拖板移动的距离,操作者可以点动手控盒,每按键时 U 或 V 拖板移动量与屏幕显示值相同,从而达到 UV 移动,完毕按【Esc】退出。

【F3】——文件名

同无锥度加工。

【F4】——编程

同无锥度加工。

【F5】——图形显示

同无锥度加工。这时红色线表示工件的上平面形状,蓝色线表示工件的下平面形状。

【F6】——机床参数

锥度加工时必须输入与切割锥度工件精度有关的三个参数:①工件高度;②Z 轴高度,即上下导轮间的距离;③下导轮与工件下平面的距离,根据机床特点需要加入导轮半径补偿的还要输入导轮半径。【F6】键的作用就是将这些参数输入计算机。

操作步骤:当按下【F6】键时,屏幕显示一个输入窗口,如图 1 − 1 −73 所示,首先通过键盘输入工件高度,输入后按回车键。将光标键上下移动选择输入 Z 轴高度、导轮半径或下导轮与工件下平面的距离,每输入完毕后按回车键。按【Esc】键,操作完毕,图 1 − 1 −73 消失。输入的所有数据将显示在屏幕的右下方,以供观察校验。

```
            机床参数

    工件高度        ……

    Z 轴高度        ………

    导轮半径        0.000

    下导轮到工件    ………

    底面的距离      ………
```

注意:在加工前或改变加工图形时请察看屏幕右下角显示的机床参数是否正确,如不正确请通过上面的介绍方法重新输入,否则加工工件的精度无法保障。

图 1 − 1 −73

【F7】——加工预演

此键用于对已编制好的加工程序进行模拟加工,系统不输出任何控制信号。按【F7】键,屏幕显示加工图像预演。

【F8】——开始加工

当一切工作准备就绪后,按【F8】键,配合其他控制键一起使用,机床将按程序编制的轨迹进行切割加工,此时,屏幕显示加工跟踪画面。

【F9】——钼丝回直

当切割过程中发生断丝或其他一些事故时,需要将钼丝恢复到垂直状态,按下【F9】键。

注意:① 如果操作者手动了 UV 拖板,计算机将无法控制回到切割初始的垂直状态。② 钼丝只能在原地回直,不能回初始状态。

四、钼丝垂直校正

具体步骤如下。

(1)擦净工作台面和校正器各表面,选择校正器上的两个垂直于底面的相邻侧面作为基准面,选定位置将两侧面沿 X、Y 坐标轴方向平行放好。

(2)选择机床的微弱放电功能,使电极丝与校正器间被加上脉冲电压,运行电极丝。

(3)移动 X 轴使电极丝接近校正器的一个侧面,至有轻微放电火花。

(4)目测电极丝和校正器侧面可接触长度上放电火花的均匀程度,如出现上端或下端中只有一端有火花,说明该端离校正器侧面距离近,而另一端离校正器侧面远,电极丝不平行于该侧面,需要校正。

(5)通过移动 U 轴,直到上下火花均匀一致,电极丝相对 X 坐标垂直。

(6)用同样方法调整电极丝相对 Y 坐标的垂直度(见图 1-1-74)。

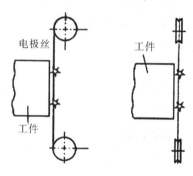

电极丝

工件

工件

图 1-1-74　校正电极丝的垂直度

五、机床锥度参数计算

进入机床锥度加工界面,调出加工文件,用高度游标卡尺测量,如图 1-1-75 所示。先计算,然后输入参数:两导轮中心距离为 H mm,工件底面到下导轮中心的距离为 B mm,工件厚度为 h mm,导轮半径为 R mm。

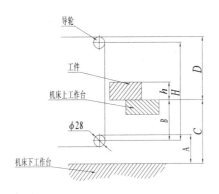

公式计算如下:

工件底面到下导轮中心的距离: $B=C-A+14$

Z轴高度 (两导轮中心距离): $H=C+D-A$

工件厚度为 h

图 1 - 1 - 75 机床锥度参数

任务实施

一、加工准备

1. 选择机床

CTW320TA 数控电火花线切割机床 1 台、特种加工专用油 1 桶,$\phi 0.18$mm 钼丝 1 盘,活动扳手 1 把,压板和螺钉 1 套,十字/一字螺丝刀 1 把,百分表与百分表座 1 套,直角尺 1 把,0 ~ 150 mm 游标卡尺 1 把,0 ~ 25 mm 千分尺 1 把,25 ~ 50 mm 千分尺 1 把,0 ~ 360° 万能量角器 1 把。

2. 选择毛坯

工件毛坯应先在铣床上加工,保证周边尺寸为 70 mm × 60 mm ± 0.5 mm,表面粗糙度为 Ra3.2 μm,厚度方向尺寸为 35 mm ± 0.02 mm。由磨床加工,上下面平行度为 0.02 mm,表面粗糙度为 Ra0.8 μm。图 1 - 1 - 76 所示为毛坯形状。

图 1 - 1 - 76 毛坯形状

3. 数控线切割加工工艺过程的规定(见表 1 - 1 - 18)

为了保证外形的尺寸精度,采用一次装夹方式完成加工。

表 1 - 1 - 18 数控线切割加工工艺过程的规定

序号	工序名称	工序主要内容
1	零件毛坯确定	根据零件图,机械加工好毛坯 70 mm × 60 mm × 35 mm
2	线切割编程	绘上、下面六边形图并编锥度加工程序
3	校丝垂直	校正钼丝与工作台的垂直度
4	工件装夹、校正	工件装夹后,校正毛坯件基准边与机床工作台 X 或 Y 轴平行
5	电参数输入	输入脉宽、脉间、加工电流、工件厚度

续表

序号	工序名称	工序主要内容
6	切割零件	调出零件程序,检查无误后模拟仿真,启动加工
7	零件检测	用千分尺、万能量角器检测相应尺寸和锥度

4.编线切割加工程序

由于线切割加工锥度时,所编加工程序是锥度小端尺寸程序图像与锥度大端尺寸程序图像的合成,根据毛坯外形尺寸,确定程序切入点的位置关系,如图1-1-77所示。

先用电脑绘好锥度小端尺寸图像与锥度大端尺寸图像,进行加工设置后自动生成加工程序,并仿真加工路线。(注意:编加工路线时,先编大形状六边形程序,再编小形状六边形程序,这样锥度零件大端向上,可以防止零件切割完成后掉下扎断钼丝和扎坏丝架)

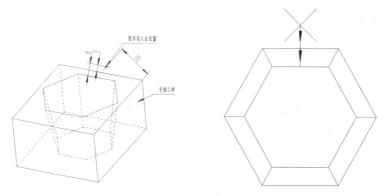

图1-1-77 程序切入点的位置关系

5.装夹工件,找正(见图1-1-78)

工件毛坯为70 mm×60 mm×35 mm的方形,零件外形为正六边,毛坯四个角的余量较小,所以,磁力座吸住工件毛坯,悬臂式在工作台上。工件毛坯用百分表校正X轴方向。

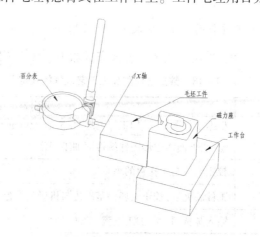

图1-1-78 装夹工件找正

校正方法：

（1）将百分表座吸在上丝架上，调节连杆使百分表测量头尽量垂直于工件60 mm尺寸方向面。

（2）用手动模式点动机床Y轴移动，当百分表测量头碰到被测面后，吃表深度控制在0.30～0.50 mm，然后点动机床X轴移动，用铜棒敲磁力座（百分表读数大的一头），当百分表在60 mm面全长跳动在0.02 mm内时，校正结束。

6. 加工电参数设定

根据加工工件的材质和高度，选择合理的高频电源规准，加工电流为2 A，脉冲宽度为16 μs，脉冲间隔为55 μs。

7. 加工工件

手动使电极丝走到图1-1-79所示位置，先在机床加工界面上，按【F7】键模拟仿真加工路线，没有问题后，按【Esc】键退出，启动丝筒旋转和开启工作液，调节进给旋钮到5:00刻度，按【F8】键机床开始加工。

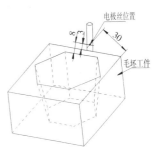

图1-1-79　电极丝位置

8. 零件检测

加工完毕，取下零件，然后用千分尺检测零件大端的锐边尺寸，用万能量角器检测锥度，看是否符合要求。若不符合要求，找出原因进行纠正，以备加工下一个零件。图1-1-80所示为工件与废料图。

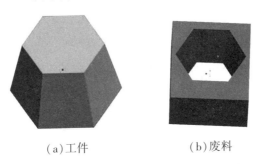

（a）工件　　　　　　（b）废料

图1-1-80　10°锥度正六方锥体工件与废料

9. 小结

本任务重点讲述了正六方锥体零件线切割加工操作技能，在切割锥度工件的过程中，机床参数计算与设定，零件锥度加工轨迹编制，以及精毛坯装夹、基准边校正方法，培养学生思考、分析、计算、动手等方面的综合能力和技能。

工作完后，应切断电源、清扫切屑、擦净机床，夹具和附件等应擦拭干净并放回原处，在导轨面上加注润滑油，各部件应调整到正常位置，打扫现场卫生，填写设备使用记录表。

////////// 1.7 任务七 凸凹配合工件编程加工 //////////

工作任务

一、任务图样(见图1-1-81)

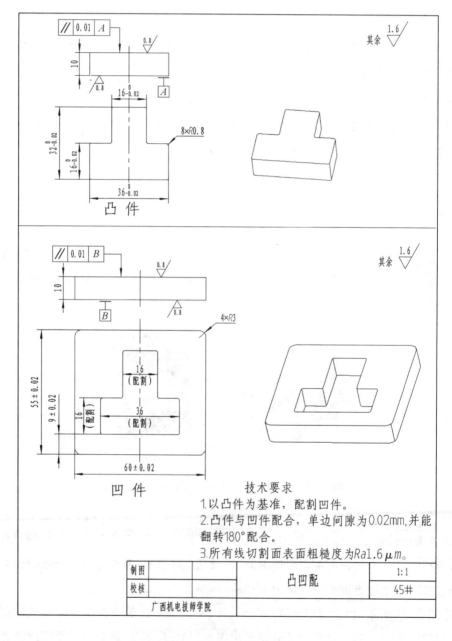

技术要求

1. 以凸件为基准,配割凹件。
2. 凸件与凹件配合,单边间隙为0.02mm,并能翻转180°配合。
3. 所有线切割面表面粗糙度为Ra1.6μm。

制图			1:1
校核		凸凹配	45#
广西机电技师学院			

图1-1-81 任务图样

图 1 - 1 - 81 所示是一组凸凹配合件,材料为 45#,两工件厚度为 10 mm,凸件外形各尺寸制造公差都为 0.02 mm,凸件为基准件,凹件的内腔尺寸按凸件配割,单边间隙为 0.02mm,并可以翻转 180°配合,切割精度较高。

凸件和凹件线切割加工面的表面粗糙度均为 Ra1.6 μm。

二、评分标准(见表 1 - 1 - 19)

表 1 - 1 - 19　评分标准

序号	工件	考核内容	组	配分	评分标准	自测	教师测	扣分	总得分
1		$16^{0}_{-0.02}$	3	3×7	每组超差扣6分				
2	凸件	$32^{0}_{-0.02}$	1	7	超差扣6分				
3		$36^{0}_{-0.02}$	1	7	超差扣6分				
4		切割面粗糙度 Ra1.6 μm	8	8×0.5	降一级扣0.5分				
5		60 mm ± 0.02 mm	1	6	超差扣6分				
6	凹件	55 mm ± 0.02 mm	1	6	超差扣6分				
7		9 mm ± 0.02 mm	1	7	超差扣6分				
8		切割面粗糙度 Ra1.6	12	12×0.5	降一级扣0.5分				
9	配合	单边间隙 0.02mm	16	16x1	每组超差扣1分				
10		工件完整		10	酌情扣分				
11		安全文明操作		10	酌情扣分				

任务目标

一、知识目标

1. 掌握刀具半径补偿的计算方法。

2. 掌握配合切割编程加工的操作技能。

二、技能目标

1. 能根据工件材料、厚度、加工精度、表面质量和配合间隙要求等选择合理的机床加工

电加工综合实训教程

电参数。

2.能根据工件配合间隙的要求,正确计算线切割的刀具半径补偿。

3.能完成凸凹配合工件编程加工操作。

任务准备

一、线切割机床刀具半径补偿——刀具半径补偿原理

在连续轮廓加工过程中,由于刀具总有一定的半径——线切割机的钼丝半径。以刀具为中心的运动轨迹并不等于加工零件的轮廓,如图 1-1-82 所示,在进行内轮廓加工时,要使刀具中心偏移零件的内轮廓表面一个刀具半径值。如图 1-1-83 所示在进行外轮廓加工时,要使刀具中心偏移零件的外轮廓表面一个半径值。这种偏移就称为"刀具半径补偿"。

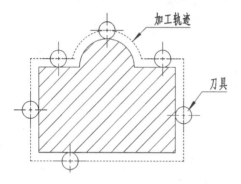

图 1-1-82 内轮廓零件加工

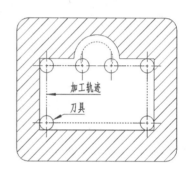

图 1-1-83 外轮廓零件加工

在图 1-1-82、图 1-1-83 中粗实线为所需加工零件的轮廓,虚线为刀具中心轨迹。显然,从原理上讲,也可以针对每一个零件采用人工方法根据零件图纸尺寸和刀具半径推算出 虚线所示的轨迹来,然后,依此来进行数控加工程序编制,肯定会加工出想要的零件来。因此,人们就想到利用数控系统来自动完成这种补偿计算,从而给编程和加工带来很大方便。

在实际模具加工中,应考虑由钼丝半径(钼丝放电间隙为 0.01 mm)及模具的配合间隙引起的刀具半径补偿 r 为:

$$r = 钼丝半径 + 钼丝放电间隙 - 加工模具的配合单边间隙$$

快走丝线切割机床一般所用钼丝直径为 0.18 mm,在加工过程中路径补偿间隙一般选择 0.1 mm。

二、刀具半径补偿输入

在自动编程软件 TCAD 中,刀具半径补偿输入是在编程过程中,选取【线切割】下拉菜单

70

中的【转出参数】菜单,在显示的对话框中【程式路径补偿】内输入补偿值。图1-1-84所示为【程式路径补偿】对话框。

TCAM/PathCut NC程式转出叁数设定				
後处理定义档:	D:\TCAD95\SWTCAM.PCF			
自动内外圆角设定:				
内凹角圆半径:	0.000 mm.适用角度范围:	0.000	–	0.000 °
外凸角圆半径:	0.000 mm.适用角度范围:	0.000	–	0.000 °
断前预停控制值:	0.000 %	许用上下限:	0.000	–	0.000 mm.
程式过切控制值:	0.000 mm.	⊠ 程式输出显示		
程式路径补偿:	0.100 mm.	□ 外角加弧式路径补偿		

图1-1-84 【程式路径补偿】对话框

注意:程式路径补偿值的输入,必须是编完加工轨迹后,在选取【程式产生】前输入。

任务实施

1. 实训设备工具及量具

CTW320TA数控电火花线切割机床1台,特种加工专用油1桶,ϕ0.18 mm钼丝1盘,活动扳手1把,压板和螺钉2套,十字/一字螺丝刀1把,百分表与百分表座1套,直角尺1把,0~150 mm游标卡尺1把,0~25 mm千分尺1把,25~50 mm千分尺1把。

2. 选择机床

加工本任务工件,选用的机床为北京迪蒙卡特CTW320TA数控电火花快速走丝线切割机床。

3. 毛坯准备

工件毛坯经锯床下料,上下平面由磨床磨削,表面粗糙度为Ra0.8 μm,外形周边由铣床加工,保证周边尺寸为(130±0.5)mm×(75±0.5)mm2×ϕ6 mm穿丝孔由钳工划线和钻孔。图1-1-85所示为毛坯形状及相关尺寸。

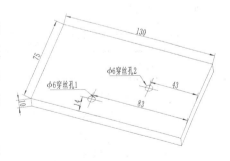

图1-1-85 毛坯形状及相关尺寸

4. 数控线切割加工工艺过程的规定(见表1-1-20)

为了保证外形的尺寸精度,采用一次装夹方式完成加工。

第一部分 机床基础操作

表 1-1-20　数控线切割加工工艺过程的规定

序号	工序名称	工序主要内容
1	零件毛坯确定	根据零件图,机械加工和钳工好毛坯 10 mm×75 mm×130 mm
2	线切割编程	绘凸凹配图形并编加工轨迹、输入刀具补偿和生产加工代码
3	工件装夹、校正	工件装夹后,校正毛坯件基准边与机床工作台 X 或 Y 轴平行
4	电参数输入	输入脉宽、脉间、加工电流、工件厚度
5	切割零件	调出零件程序,检查无误后模拟仿真,启动加工
6	零件检测	用千分尺检测相应尺寸,用塞尺检测单边间隙

5. 编线切割加工程序

由于采用一块毛坯切割出凸件和凹件,所编加工程序必须符合下料毛坯图样要求,要利用穿丝孔位置绘制加工图样,然后编加工轨迹。加工图样相关位置及加工轨迹仿真如图 1-1-86 所示

6. 钼丝半径补偿输入

根据配合要求,单边间隙为 0.02 mm,计算钼丝半径补偿值:

凸件 $r = 0.18/2 + 0.01 = 0.1$ mm;

凹件 $r = 0.18/2 + 0.01 - 0.02 = 0.08$ mm。

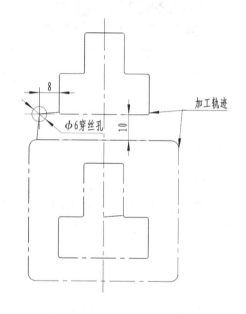

图 1-1-86　加工图样相关位置及加工轨迹仿真图

半径补偿输入操作:选取【线切割】下拉菜单中的【转出参数】菜单,在显示的对话框中【程式路径补偿】内输入补偿值。图 1-1-87 所示为【程式路径补偿】对话框。

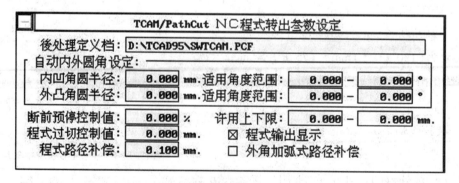

图 1-1-87　【程式路经补偿】对话框

注意:程式路径补偿值的输入,必须是编完加工轨迹后,在选取【程式产生】前输入。

7. 装夹工件,校正

工件毛坯为 10 mm×75 mm×10 mm 的长方体,零件外形加工精度较高,根据毛坯外形尺寸和加工图样排样,采用两端支撑式,是把工件两端都固定在工作台上,这种方法装夹支撑稳定,平面定位精度高,工件底面与切割面垂直度好。

(1)装夹

毛坯装夹时,夹持部分图参照图 1-1-88。

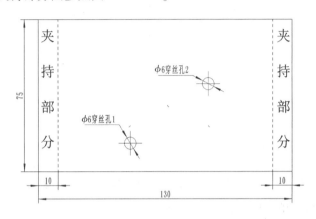

图 1-1-88　夹持部分图

(2)校正

采用火花法校正,操作步骤如下。

1)毛坯两端架在工作台上,分别用压板和螺钉预压紧毛坯。

2)机床面板上电流功放管开 1 个,脉宽旋钮调到 1 挡,脉间旋钮调到最小,按下高频、进给、加工和变频开关。

3)进入【进入加工系统】界面,按【F1 X Y 轴移动】菜单,操作手控盒,用手指点动手控盒 X 或 Y 轴的按钮,使机床工作台移动,并靠近要校正的毛坯边 A 点,距离为 2 mm 左右。

4)手按手控盒启动丝筒旋转按钮,启动丝筒旋转,点动手控盒 $+Y$ 轴的按钮,接近工件,当出现火花时,点动手控盒 $-X$ 轴按钮,移动钼丝往 B 点靠近,在移动过程中观察钼丝与毛坯边的距离,如果距离越来越近,就用铜棒朝着 $+Y$ 轴不停敲击 B 点,使钼丝在往 $-X$ 轴的移动过程中与毛坯边产生的火花均匀;如果距离越来越远,就用铜棒敲击 B 点对边的同一位置,方向朝着 $-Y$ 轴,使钼丝在往 $-X$ 轴的移动过程中与毛坯边产生的火花均匀;钼丝移动到 B 点后,再点动手控盒 $+X$ 轴按钮往 A 点移动,注意观察火花是否均匀,如果火花均匀,手按手控盒停止丝筒旋转按钮,丝筒停止旋转,用扳手上紧压板螺母,校正结束。如果不均匀,继续从 A 点出发,重复校正。这种火花校正方法的零件加工精度一般要求不高。图 1-1-89

所示为火花校正方法示意图。

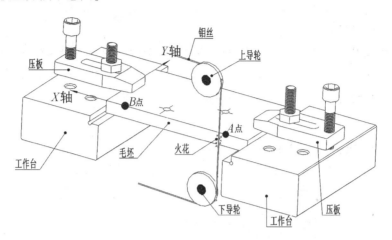

图 1-1-89　火花校正方法示意图

8. 加工电参数设定

根据加工工件的材质 45# 和高度 10 mm,选择合理的高频电源规准,加工电流为 2 A,脉冲宽度为 12 μs,脉冲间隔为 40μs,进给调到 4:30 的位置。

9. 加工工件

操作步骤如下。

(1)在机床加工界面上,按【F7】键模拟仿真加工路线,没有问题后,按【Esc】键退出。

(2)拆钼丝,手按手控盒 X 或 Y 轴按钮,移动到穿丝孔 1 的位置,穿上钼丝,并按 X 或 Y 轴移动键,使钼丝大概悬空孔 1 中心。

(3)使用自动找中功能找穿孔 1 的中心:把控制柜上的【进给】和【高频】开关按钮弹出,然后在键盘上按【Esc】键退出,输入 CNC2,进入系统开机界面,按键盘【↓】键,移到【自动找中】菜单,按【回车】键,先找 X 轴方向,电脑屏幕下方的 X 轴方向有数字后,再按【回车】键,Y 轴有数字后,找中结束。注意:自动找中一般要求穿丝孔没有毛刺,要找 2~3 次才正确。

(4)重新进入【加工状态】界面,把控制柜上的【进给】和【高频】开关按下,手控盒上按启动丝筒旋转和开启工作液,调节进给旋钮到 4:30 刻度,按【F8】键机床开始加工。

10. 零件检测

加工完毕,取下零件,然后用 0~25 mm 千分尺检测凸件 16 mm 的尺寸和凹件 9 mm 的尺寸,用 25~50 mm 千分尺检测凸件 36 mm 的尺寸,用 50~75 mm 千分尺检测凸件 55 mm 和 60 mm 的尺寸,看是否符合要求。若不符合要求,找出原因进行纠正,以备加工下一个零件。图 1-1-90 所示为工件与废料图。

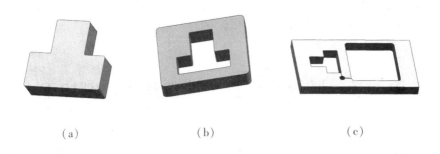

(a)　　　　　　　　　　(b)　　　　　　　　　　(c)

图 1 – 1 – 90　凹凸工件与废料图

11. 小结

本任务重点讲述了凸凹配合件的线切割加工操作技能,在凸凹配合件加工过程中,刀具半径补偿参数计算与输入、零件加工轨迹编制,以及利用火花方法粗校正毛坯基准边,培养学生思考、分析、计算、动手等方面的综合能力和技能。

工作完成后,应切断电源、清扫切屑、擦净机床,夹具和附件等应擦拭干净并放回原处,在导轨面上加注润滑油,各部件应调整到正常位置,打扫现场卫生,填写设备使用记录表。

第二节 数控电火花中速走丝线切割加工

//////////// 2.1 任务一 五角星工件加工 ////////////

✎工作任务

一、加工图样

要加工的零件图样如图 1-2-1 所示。

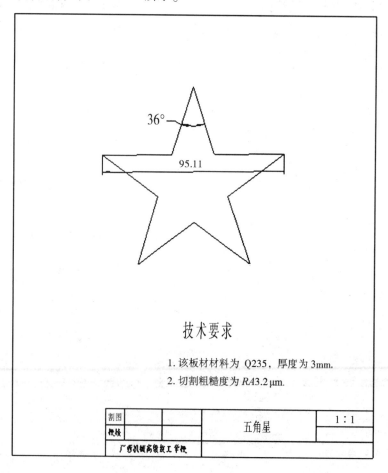

技术要求

1. 该板材材料为 Q235，厚度为 3mm.
2. 切割粗糙度为 $Ra3.2\,\mu m$.

割图			五角星	1:1
校核				
广西机械高级技工学校				

图 1-2-1 加工图样

二、评分标准(见表 1-2-1)

表 1-2-1 评分标准

序号	考核内容	组	配分	评分标准	自测	教师测	扣分	总得分
1	95.11 mm ± 0.02 mm	5	5×5 分	每超差 0.01 扣 2 分				
2	36° ± 2′	5	5×5 分	超差扣 10 分				
3	切割面粗糙度 Ra3.2 μm	10	10×2 分	降一级扣 2 分				
4	工件完整		15	酌情扣分				
5	安全文明操作		15	酌情扣分				

任务目标

一、知识目标

1. 掌握中速走丝线切割加工的原理及特点。

2. 了解中速走丝线切割控制面板的操作方式。

二、技能目标

1. 能对机床进行基本的操作。

2. 能对图形进行绘制并进行参数的选择。

任务准备

一、机床结构简介

SKD3 机床外形图,如图 1-2-2 所示。

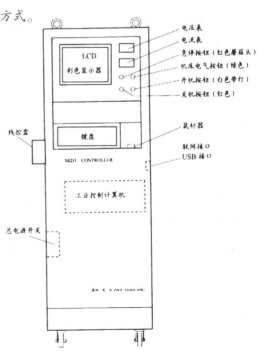

图 1-2-2 SKD3 机床外形图

二、加工原理、特点及用途

1. 加工原理

中速走丝也是电火花线切割机床的一种,工作原理是利用连续移动的钼丝(称为电极丝)作电极,对工件进行脉冲火花放电蚀除金属、切割成型。走丝速度在 1~12 m/s 之间,可以根据需要进行调节。

2. 中走丝线切割的特点

(1)可实现多次切割是中速走丝与快速走丝的显著区别,可实现多次切割。多次切割的目的是提高表面质量,满足加工工件的需要,从而扩大适应范围。

(2)脉冲电源有所突破是为了实现多次切割而又保证加工效率。提高在粗加工时的切割速度,需要脉冲电源的密切配合。这样一来,既提高了脉冲电源性能,又节约了能源。

(3)控制系统中走丝线切割多采用工业 PC 机构成一体化的编程控制系统,结合工艺数据库,系统能提供最佳加工条件,以达到高速加工、保证质量、简化操作的目的。

(4)机床电路为满足各次切割的不同要求,对电极丝运丝速度要求可进行调节,采用交流变频调速是常用的方式。采用变频调速后,也减缓了运丝电机的换向冲击,有利于保持电极丝的稳定。

(5)为保证机床机械精度的提高及其他多次切割的效果,机床必须有较高的重复定位精度,这对床身、导轨等都有一定的要求。

3. 中速走丝线切割加工的应用

(1)广泛应用于加工各种冲模。

(2)可以加工微细异形孔、窄缝和复杂形状的工件。

(3)加工样板和成型刀具。

(4)加工粉末冶金模、镶拼型腔模、拉丝模、波纹板成型模。

(5)加工硬质材料,切割薄片,切割贵重金属材料。

(6)加工凸轮和特殊的齿轮。

(7)适合小批量、多品种零件的加工,减少模具制作费用,缩短生产周期。

三、机床操作

1. 开机

(1)将控制柜左侧的电源开关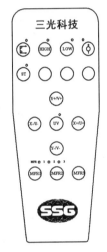的黑色部分用力按下,此时变压器及部分线路通电。

(2)将控制柜显示器右边的白色按钮 按下,电脑进行自检,此时控制柜通电。

(3)屏幕右下方提示"E502:无电源"时,将机床两个红色蘑菇头旋开复位(不能在压下状态),按面板上的绿色按钮并回车,消除"E502:无电源",此时床身通电。如仍无法消除无电源,参见"故障提示"。

2. 线控盒

使用线控盒可以方便地将工作台移动到所需的位置。在通常的状态下都可以使用线控盒,但在切割工件时线控盒功能是关闭的。

1)【移动轴】按钮(见图1-2-3)

在未按下"UV"按钮的情况下,其指示灯不亮:当按住"X+/U+""Y+/V+""X-/U-""Y-/V-"按钮时,将使 XY 轴移动。

当按下"UV"按钮后,其指示灯会亮,这时可按住"X+/U+""Y+/V+""X-/U-""Y-/V-"按钮,将使 UV 轴移动;再次按下"UV"按钮后,其指示灯会灭,这时 UV 轴不能移动。

各轴移动到行程极限或压动极限开关时,机床会自动停止,并在控制机的显示器上显示出来,这时可以向反方向移动该轴。

按下 ST 按钮后,指示灯会亮,移动 X/Y 轴时,电机自动运行直至电极丝与工件短路,程序自动执行对边功能,以设定的对边回退距离退至不短路的位置;再次按下 ST 按钮后,其指示灯灭,此时即恢复正常移动。

图 1-2-3 移动轴按钮

2)【移动速度】按钮

进行轴移动时可通过切换 MFR1、MFR2、MFR3 按钮来选择三种移动速度,其移动速度依次增加,选择相应轴速时其按钮指示灯会亮。

3)【运丝、工作液泵】开关

按下 按钮,运丝开始,其指示灯会亮;再次按下 按钮,运丝停止,其指示灯会灭。选择运丝速度:LOW——降低丝速;HIGH——提高丝速。丝速显示:LOW 和 HIGH 各有一个指示灯。两灯灭为第1速,LOW 灯亮为第2速,HIGH 灯亮为第3速,两灯亮表示第4速。

按下 ⬦ 按钮,工作液泵启动,其指示灯会亮;再次按下 ⬦ 按钮,工作液泵停止。

3. 上丝(见图1-2-4)

在主界面右上角按"虚拟面板 ⬤"——再按"上丝 ▦"(此时丝筒边的上丝按钮就开放了)——将丝筒罩壳保护开关拨到"OFF"状态,取下丝筒罩壳。按上丝按钮,将丝筒开到机床左侧,再按上丝按钮则丝筒停。将丝筒左右挡块移开,按右限位开关,把丝盘装在床身内的紧丝装置上。将紧丝装置上的钼丝通过排丝轮系在丝筒右侧的螺钉上,绕几圈再按上丝按钮机床自动上丝,当钼丝在丝筒上达到所需宽度时再按上丝按钮则上丝结束。将钼丝经过下、上导轮和后排丝轮(断丝保护装置)系在另外一个螺钉上,将多余的钼丝剪断即可。

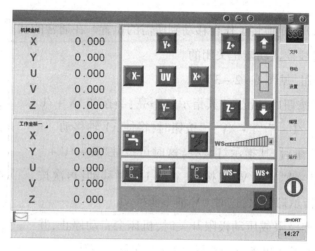

图1-2-4 上丝

4. 紧丝(在模拟面板上)

按"▦紧丝",将丝筒开到机床的一侧,将配重块挂在钼丝上,开动丝筒的同时将配重用力向下拉,直到钼丝运转了一个来回后再按"上丝按钮"则停止。将剩下的钼丝系在丝筒一侧的螺丝上,多余的钼丝剪掉即可。

5. 工件装夹

工件装夹步骤如下。

(1)将工件轻轻放在桥板上。

(2)用夹具把工件紧固在桥板上,一般至少要有两个固定点。

(3)大的板材应放在两块桥板中间,对角固定。

(4)压板应与桥板平行,不能翘起或下垂。

6. 对边及定中心

(1)对边(见图1-2-5)

先选择"对边",可以选择X、Y轴的四个方向(+X、-X、+Y、-Y)中的任一方向进行边缘找正。边缘找正开始时钼丝沿指定的方向高速接近工件直至接触,然后回退,降低移动速度直至接触,找正完成。

对边结束后电极丝与工件之间的脱离距离可以在设定系统功能下的对边回退中设定,系统缺省值为20 μm。需要注意的是,对边结束后电极丝与工件的脱离距离是指丝的圆周表面与工件边缘的距离,而非丝的中心。

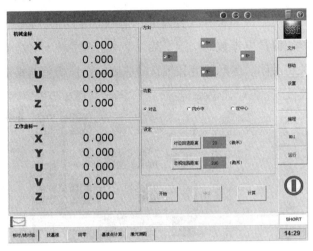

图1-2-5 对边

(2)分中

"分中"即先向指定轴方向移动完成边缘找正,然后向反方向移动进行边缘找正,完成后系统自动回到中点。如果用户是在工件外面进行分中,需完成两个方向的边缘找正,然后进入"基准点计算"界面,选中两个方向的点坐标,再选中X轴分中/Y轴分中,点击"计算"完成后将拖板移到空处或松开钼丝,然后点击"移动",系统自动移到中点位置。

(3)定中心(见图1-2-6)

定中心即中心找正,此命令找寻中心对称图形内孔的中心。

首先找正指定轴方向的中心,然后找另一轴方向的中心。当定中心的孔较大时,可以适当增加"忽视短路距离"的数值,以提高定中心的效率。

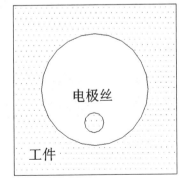

图1-2-6 定中心

三点定圆心,即确定三个选定点所在圆的圆心。对于不完整的圆或外圆,可以选择圆弧上的三个点来确定圆心。使用 +X,-X,+Y,-Y 选择方向,使用对边功能进行边缘找正。三个点都确定后,进入"基准点计算"界面,选择"三点定圆"选中三个点的坐标,点击"计算"完成后将松开钼丝,然后点击"移动",系统自动移到中点位置。

注意:"对边"与"定中心"要求工件侧面或内孔干净、光滑、垂直、无液滴残留,钼丝尽量在丝筒的中部,松紧度较紧,表面清洁,否则会影响找正精度,严重者可能会发生断丝。

7. 虚拟面板(见图 1 - 2 - 7)

在系统的任一操作界面上,只需点击屏幕最上端的工具条上的"虚拟面板 ⊙"按钮,即可进入虚拟面板界面。虚拟面板和线控盒的功能基本相同,并且是同步的。此外虚拟面板还提供了上丝、紧丝、测试电参数的功能。某一个虚拟开关按下时会有绿色的虚拟指示灯点亮,再按一次,开关将关闭。运丝速度和轴移动速度由虚拟指示器指示。

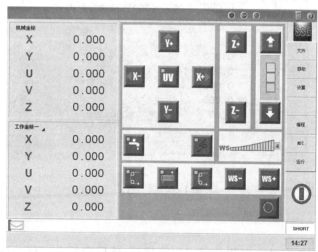

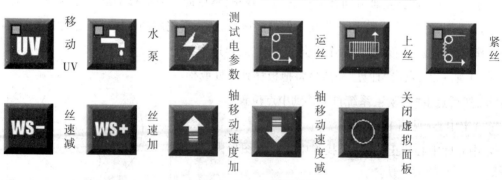

图 1 - 2 - 7 虚拟面板

测试电参数(见图 1 - 2 - 8):单击 "" 出现 "测试电参数" 对话框,改为合适的电

参数,然后单击 " 参数应用" 保存此参数,下次测试电参数时依旧是此套参数。然后点

击 " 电源开关" 就可以碰火花了。

图 1 - 2 - 8　测试电参数

8.运行

按 "运行" →按 "加工" →打开左上角的 "文件名" 找到所需切割的文件(文件名.
ISO) →按左下角 "参数设定" 调整加工选项,如图 1 - 2 - 9、图 1 - 2 - 10 所示。

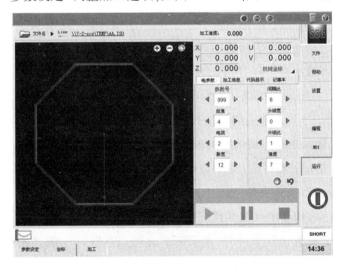

图 1 - 2 - 9　运行 1

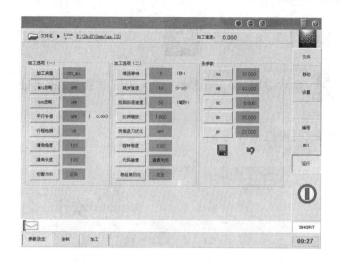

图 1 - 2 - 10　运行 2

（1）加工类型。选择运行方式。"CUT_ALL"方式是正常加工方式，"CUT_MOV"是不运丝、不开水泵、不放电的运行方式。

（2）M01 忽略。如果设为"ON"的话，系统在加工时如果遇到 M01 代码则自动跳过，不会停止加工。系统默认为"OFF"，即当在加工过程中遇到 M01 代码时，系统按 M00 暂停代码一样进行处理。

（3）G00 忽略。如果设为"ON"的话，系统在加工时如果遇到 G00 跳步代码则自动跳过，不会停止加工。系统默认为"OFF"，即当在加工过程中遇到 G00 代码时，执行正常的 G00 代码处理。

（4）平行补偿。设为"ON"的话，表明打开系统的平行补偿功能，加工图形自动按平行补偿角度进行旋转。系统默认为"OFF"。平行补偿角度可在"移动/基准点计算"中取得。

（5）行程检测。设为"OFF"的话，表明将关闭系统在加工前的行程检测。

（6）清角夹角。清角夹角和"清角长度"分别设置清角轨迹的角度和长度，清角长度的默认值为 200 μm。此功能可解决在凹模的切割过程中，电极丝滞后引起的两条线段交接处拐角"不清"的现象。实现方法是向两条线段的角平分线的相反方向切割一定长度的直线。进行清角处理的夹角大小和切割长度可根据机床的情况和平时的经验积累灵活设置。当清角夹角的角度大于指定的角度时，清角功能无效。当夹角过小时，清角功能也无效。系统设定清角角度范围为 5°≤清角夹角＜180°。

（7）切割方向。在仅切割一次的情况下可以使用，可以反向切割。

（8）喷流等待。设置切割工件时，水泵开启几秒以后脉冲电源开始放电，以防止烧丝。该项可以根据水泵出水的时间调整。

（9）跳步速度。设置跳步时的移动速度挡位，10 挡速度最快。

（10）短路回退速度。设置发生切割短路时电极丝每回退一步的时间,200 ms 相当于每秒回退 5 μm。

（11）比例缩放。可以按照输入的数值等比缩放产品尺寸,默认 1,即没有缩放。

（12）拐角进刀优化。功能打开时在拐角处进刀,进刀线末端自动沿该拐角的角平分线切入,避免割伤产品表面。

（13）代码镜像。将图形沿 X、Y、XY(中心)进行镜像。

（14）储丝筒归位。可以选择储丝筒停在机床的左侧还是右侧,以满足上穿丝和下穿丝的不同需求。

注:如切割过程中需要暂停,按" ▮▮ "键立即暂停,继续切割选中" ☑ 继续加工 "再按"开始加工 ▶ "即可恢复加工状态。

如需结束加工,按"中止加工 ■ "即可。退出操作完成后,高频和喷流立即停止,但钼丝必须到指定侧面才停止。

9.关机

关闭整个控制机请遵照如下步骤。

(1)确认不在加工状态;

(2)确认机床动作(如工作台运动、运丝、水泵等)都处于停止状态;

(3)按下急停按钮 ◉,关闭动力电源;

(4)按下关机按钮(红色按钮) ◉,将总电源开关的 STOP(或 OFF)按钮按下,约 30 s 后软件自动执行关机步骤,直至自动关闭系统;

(5)在关闭电源后,UPS 会使控制柜白色带灯按钮保持点亮状态,直到 UPS 自动关闭,一段时间后白色带灯按钮熄灭。

注意:由于系统安装有 UPS,整个关机过程约需 1~2 min。在此期间不要再次启动机器。白色带灯按钮熄灭之后,才可以再次启动,否则容易造成系统出错。如果意外通电导致系统无法启动,请按下关机按钮(红色按钮),2 min 后机器会关闭。

任务实施

五角星工件操作加工步骤如下。

1.设备、工量具的选择

加工本次任务采用的是苏三光 HA500 中速走丝线切割机床,特种加工专用油,$\phi 0.18$ mm 钼丝,扳手,电磁压板,螺钉,十字/一字螺丝刀,游标卡尺,万能角度尺。

2.毛胚的选择

由零件图经分析可以知道,工件外接圆的直径为100 mm。为了保证加工质量及装夹的方便,选用的毛胚尺寸为3 mm×110 mm×150 mm的方形板料(见图1-2-11)。

图1-2-11 方形板料

3.编制工艺过程(见表1-2-2)

为了保证外形的尺寸精度,采用一次装夹方式完成加工。

表1-2-2 工艺过程

序号	工序名称	工序主要内容
1	零件毛坯确定	根据零件图,工件的毛胚尺寸为3 mm×110 mm×150 mm
2	线切割编程	绘制五角星图形进行编程
3	工件装夹、校正	用磁力座压紧工件毛胚,并大致地校正工件的位置
4	电参数输入	输入材料、厚度、切割次数、丝速、电流、脉宽、间隔比、速度、偏移量等参数
5	切割零件	调出零件程序,检查无误后模拟仿真,启动加工
7	零件检测	用量具对工件进行测量

4.编制线切割加工程序

工件的装夹如图1-2-12所示,为了保证加工的精度和切割时保持板料的刚度,我们的起割点位于固定端的一侧。走丝路线为逆时针方向走刀,这样可以消除切割变形引起的误差。

(1)绘图

进入操作界面——编程——画图,进行五角星的绘制,具体步骤如下:

1)用绘图里的多边形命令绘制五边形,五边形的外接圆的直径为100 mm。

2)连接五边形的对角并进行修剪使之成为五角星。

由图可以知道,由于起割点距离工件还有21 mm的距离,故我们在绘制五角星的时候应该加入一条直线,其距工件的距离为21 mm。

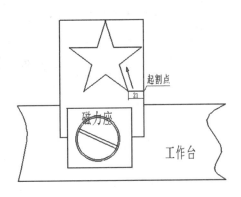

图 1 - 2 - 12　工件的装夹

(2)生成加工轨迹

绘制完图形之后进行生成加工轨迹,把相应的轨迹参数填好。把切入方式(垂直)、编程方式(绝对编程)、残留方式(残留高 0.2,残留宽 0)、加工选项设置(残留块全部切掉、加工结束回起割点)、锥度方式(锥度取消)等均设置好。

工艺数据库:选用标准数据库,加工材料(SKD-11);凸凹模(凸);厚度(10 mm);电极丝(0.18 mm);工作液类型(DIC206);切割次数(一次切割)。

对应的工艺参数:丝速(4);电流(1);脉宽(30);间隔比(6);分组宽(0);分组比(1);速度(9);偏移量(200)

设定完后点击确定——yes,进入拾取轮廓。

鼠标左键单击选中五角星第一条线段,然后点击箭头选择链拾取方向,系统此时会出现新箭头,再选择偏移方向,然后点穿丝点位置后直接右击即可生成一个绿色的加工轨迹。

(3)生成加工代码

自动生成代码,其代码如下:

(MATERIAL:SKD-11 THICKNESS:5 mm WIRE:0.18mm FLUSH:DIC206 MODE:凸 CUTNUM:一次切割)

(丝速	电流	脉宽	间隔比	分组宽	分组比	速度)
E001 = 004	001	016	004	000	001	009

H001 = 200   H001

; Number:1   E001

G92X32135Y10526   M98 P0001

G90   M00

E001   E001

G01X11335Y10526   G01X11335Y10526

G01X32135Y10526

M02

N0001

G01X11135Y10526

G41

G01X – 18254Y31878

G01X – 47642Y10526

G01X – 36417Y45075

G01X – 65807Y66428

G01X – 29479Y66428

G01X – 18254Y100977

G01X – 7028Y66428

G01X29299Y66428

G01X – 90Y45075

G01X11104Y10621

G50

G40

G01X11304Y10621

M99

（4）模拟演示

按照生成的代码进行模拟演示，检查没有问题后进行加工，得到如图 1 – 2 – 13 的五角星。

图 1 – 2 – 13　得到的五角星

5. 工件的检测

工件加工完成后得到的五角星用游标卡尺测量两对角的距离是否为 95.11mm，或者用万能角度尺测尖角的夹角为 36°。

6. 机床维护保养

取下废料，对机床进行日常的维护管理。对机床进行清洁保养。应切断电源、清扫切屑、擦净机床，夹具和附件等应擦拭干净并放回原处，在导轨面上加注润滑油，各部件应调整到正常位置，打扫现场卫生，填写设备使用记录表。

7. 小结

本任务主要对机床的基本操作进行了详细的讲解，并通过五角星的切割来增强学生的应用知识的技能。将学过的东西学以致用，用实例来巩固理论知识的讲解，充分调动学生的动手能力、学习积极性。

工作任务

一、工件图样

要加工的零件如图 1 - 2 - 14 所示。

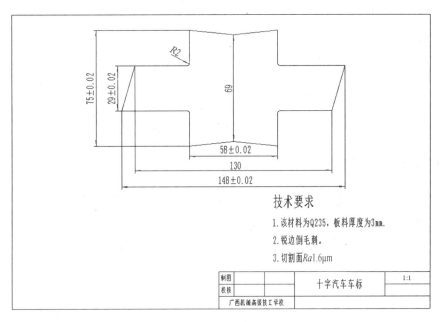

图 1 - 2 - 14 零件图

二、评分标准(见表 1 - 2 - 3)

表 1 - 2 - 3 评分标准

序号	考核内容	组	配分	评分标准	自测	教师测	扣分	总得分
1	148 mm ± 0.02 mm	1	10 分	每超差 0.01 扣 5 分				
2	58 mm ± 0.02 mm	1	10 分	每超差 0.01 扣 5 分				
3	29 mm ± 0.02 mm	1	10 分	每超差 0.01 扣 5 分				
4	75 mm ± 0.02 mm	1	10 分	每超差 0.01 扣 5 分				
5	切割面粗糙度 Ra1.6 μm	18	18 × 2 分	每组降一级扣 2 分				
6	工件完整		10 分	酌情扣分				
7	安全文明操作		14 分	酌情扣分				

任务目标

一、知识目标

1. 掌握 ISO 代码的意义及编程格式。

2. 懂得手工编制 ISO 程序。

二、技能目标

1. 能使用 ISO 代码进行手工编程。

2. 能对 ISO 的格式进行修改并应用。

任务准备

一、手工 ISO 代码编程

ISO 编程方式是一种通用的编程方法,这种编程方法与数控铣编程有点类似,使用标准的 G 指令、M 指令等代码。它适用于大部分高速走丝线切割机床和低速走丝线切割机床。其控制功能更为强大,使用范围更为广泛,将是以后线切割机床的发展方向。

1. 程序格式

首先来看一段程序示例:

O0001

N10 T84 G90 G92X38000Y0.000;

N20 G01 X33000 Y0.000;

N30 G02 X5000 Y0.000;

N40 G02 X0.000 Y5000 I0.000 J5000;

N50 G01 X0.000 Y15000;

N60 G01 X47500 Y80000;

...

以下说明 ISO 编程中的几个基本概念。

(1)字

某个程序中字符的集合称为字,程序段是由各种字组成的。一个字由一个地址(用字母表示)和一组数字组合而成,如 G03 总称为字,G 为地址,03 为数字组合。

（2）程序号

每一个程序必须指定一个程序号，并编写在整个程序的开始，程序号的地址为英文字母（通常为 O、P、% 等），紧接着为 4 位数字，可编写的范围为 0001～9999。

3）程序段

能够作为一个单位来处理的一组编写的字，称为程序段。程序段由程序段号及各种字组成。例如：

N10 T84 G90 G92 X38.000 Y0.000。

程序段编号范围为 N0001～N9999，程序段号通常以每次递增 1 以上的编号，如 N0010，N0020，N0030 等，每次递增 10，其目的是留有插入新程序的余地，即如果在 N0030 与 N0040 之间漏掉了某一段程序，可在 N0031 至 N0039 间用任何一个程序段号插入。

（4）G 功能

G 功能是设立机床工作方式或控制系统方式的一种命令，其后续数字一般为两位数（00～99），如 G01、G02。

（5）尺寸坐标字

尺寸坐标字主要用于指定坐标移动的数据，其地址符号为 X，Y，Z，U，V，W，P，Q，A 等。

（6）M 功能

M 功能用于控制数控机床中辅助装置的开关动作或状态，其后续数字一般为两位数（00～99），如 M00 表示暂停程序运行。

（7）T 功能

T 功能用于有关机械控制事项的制订，如 T80 表示送丝，T81 表示停止送丝。

（8）D，H

D，H 用于补偿量的指定，如 D0003 或者 H003 表示取 3 号补偿值。

（9）L

L 用于指定子程序的循环次数，可以在 0～9999 之间指定一个循环次数，如 L3 表示 3 次循环。

二、指定有关机械控制（T 功能）

（1）切削液开（T84）；

（2）切削液关（T85）；

（3）开走丝（T86）；

（4）关走丝（T87）。

三、辅助功能(M 功能)

1. 程序暂停指令 M00

程序暂停指令 M00 是暂停程序的运行,等待机床操作者的干预,如检验、调整、测量等。待干预完毕后,按机床上的启动按钮,即可继续执行暂停指令后面的程序。

2. 程序停止指令 M02

程序停止指令 M02 是结束整个程序的运行,停止所有的 G 功能及与程序有关的一些运行开关,如切削液开关、走丝开关、机械手开关等。

四、例题

1. 分别采用增量坐标系和绝对坐标系编写图 1 − 2 − 15 所示的程序

(1)G90 编程

N10	G92 X0 Y0;
N20	G01 X1000 Y0;
N30	G01 X1000 Y20000;
N40	G02 X30000 Y20000 I10000 J0;
N50	G01 X30000 Y0;
N60	G01 X0 Y0;
N70	M02

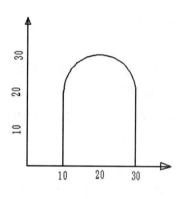

图 1 − 2 − 15　编程图

(2)G91 编程

N10	G92 X0 Y0;
N20	G91(表示后面的坐标值均为增量坐标);
N30	G01 X10000 Y0;
N40	G01 X0 Y20000;
N50	G02 X20000 Y0 I10000 J02;
N60	G01 X0 Y − 20000;
N70	G01 X − 30000 Y0;
N80	M02

2. 十字形汽车商标实例编程

十字形汽车商标如图 1 − 2 − 16 所示,对车标零件图以左下角尖点作为原点建立坐标系,毛胚的尺寸为 180 × 100,则得到如图 1 − 2 − 17 所示的图。

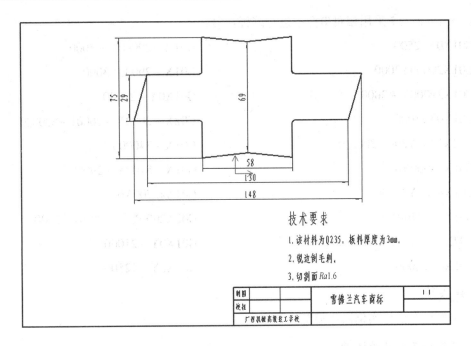

技术要求

1. 该材料为Q235，板料厚度为3mm。

2. 锐边倒毛刺。

3. 切割面 Ra1.6

制图		雪佛兰汽车商标	1 1
校核			
广西机械高级技工学校			

图 1－2－16　十字形汽车商标实例编程

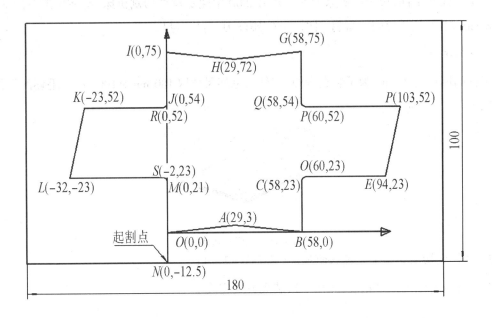

图 1－2－17　对十字形汽车商标建立标系

由图 1 – 2 – 17 采用相对坐标系进行编程:

G01X0Y12500

G01X29000Y3000

G01X29000Y – 3000

G01X0Y21000

G02X2000Y2000I2000J0

G01X34000Y0

G01X8700Y29000

G01X – 42700Y0

G02X – 2000Y2000I0J2000

G01X0Y21000

G01X – 29000Y – 3000

G01X – 29000Y3000

G01X0Y – 21000

G02X – 2000Y – 2000I – 2000J0

G01X – 34000Y0

G01X – 8700Y – 29000

G01X42700Y0

G02X2000Y – 2000I0J – 2000

G01X0Y – 21000

G01X0Y – 12500

任务实施

十字形汽车商标实例操作加工步骤如下。

1. 机床与工量具的选择

加工本任务工件,选用的机床为苏三光 HA500 中速走丝线切割机床、特种加工专用油、ϕ0.18 mm 钼丝、扳手、压板、螺钉、十字/一字螺丝刀、游标卡尺。

2. 选择毛坯

工件的厚度为 3 mm,为了装夹方便,工件的毛坯尺寸取 180 mm×100 mm。毛坯的零件图如图 1 – 2 – 18 所示。

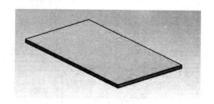

图 1 – 2 – 18　毛坯的零件图

3. 数控线切割加工工艺过程的规定(见表 1 – 2 – 4)

为了保证外形的尺寸精度,采用一次装夹方式完成加工。

表 1 - 2 - 4　数控线切割加工工艺过程的规定

序号	工序名称	工序主要内容
1	零件毛坯确定	根据零件图,用剪板机裁剪出毛坯 3 mm × 180 mm × 100 mm
2	线切割编程	手工编制加工程序
3	工件装夹、校正	工件装夹后,校正基准边与机床工作台 X 或 Y 轴平行
4	切割零件	调出零件程序,检查无误后模拟仿真,启动加工
5	零件检测	使用工量具对工件进行检测

4. 编线切割加工程序

由于毛胚尺寸的起割点与工件的边缘还有一定的距离,其距离为 12.5 mm,在电脑上进入 MDI 模式,在该模式下输入以下程序:

	丝速	电流	脉宽	间隔比	分组宽	分组比	速度
E001 =	004	001	016	004	000	001	009

H001 = 200

G92X - 20861Y - 2489

G91

E001

G01X0Y12300

H001

E001

M98 P0001

G01X0Y - 12300

M02

N0001

G01X0Y200

G42

G01X29000Y3000

G01X29000Y - 3000

G01X0Y21000

G02X2000Y2000I2000J0

G01X34000Y0

G01X8700Y29000

G01X - 42700Y0

G02X - 2000Y2000I0J2000

G01X0Y21000

G01X - 29000Y - 3000

G01X - 29000Y3000

G01X0Y - 21000

G02X - 2000Y - 2000I - 2000J0

G01X - 34000Y0

G01X - 8700Y - 29000

G01X42700Y0

G02X2000Y - 2000I0J - 2000

G01X0Y - 21000

G50

G40

G01X0Y - 200

M99

5. 装夹工件,找正

工件毛坯为 1 mm × 180 mm × 100 mm 的方形,因为周边均留有足够的压边距离,故工件的装夹直接用压板进行对角压住,并用钼丝在 X 方向上进行简单的校正。装夹图形如图 1 – 2 – 19 所示。

校正方法:

(1)工件用压板进行预紧(勿上紧),将钼丝移至靠近工件的边缘,并保持有 0.5 mm 左右的距离。

(2)用手动模式点动机床 X 轴移动,一直移动,直到两端的钼丝距离工件保持一致为止。校正结束。

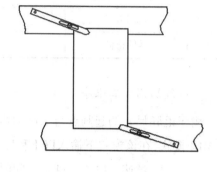

图 1 – 2 – 19 装夹图形

6. 加工工件

先在机床加工界面上,模拟仿真加工路线,没有问题后,用手动使电极丝走到起割点位置,启动机床加工零件。

7. 零件检测

加工完毕,取下零件,然后用千分尺检测零件大端锐边尺寸,看是否符合要求。若不符合要求,找出原因进行纠正,以备加工下一个零件。图 1 – 2 – 20 所示为工件与废料图。

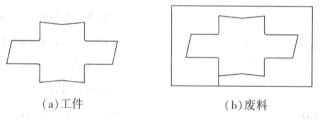

(a)工件　　　　　　　　　　　　(b)废料

图 1 – 2 – 20 工件与废料图

8. 小结

此任务主要讲述了手工 ISO 代码编程的基础知识和基本的技能操作,要求学生对于由简单的直线和圆弧构成的图形进行手动编码,有利于提高学生的手工编码的能力和解决问题的能力。

工作完后,应切断电源、清扫切屑、擦净机床,夹具和附件等应擦拭干净并放回原处,在导轨面上加注润滑油,各部件应调整到正常位置,打扫现场卫生,填写设备使用记录表。

🏁 工作任务

一、零件图样

要加工的零件如图 1 – 2 – 21 所示,是用厚度为 3 mm 的薄板切割出多环汽车车标的形状。

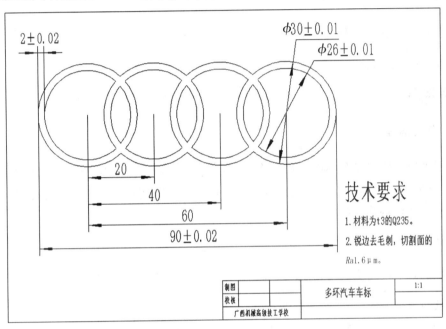

图 1 – 2 – 21 零件图

二、评分标准(见表 1 – 2 – 5)

表 1 – 2 – 5　评分标准

序号	考核内容	组	配分	评分标准	自测	教师测	扣分	总得分
1	90 mm ± 0.02 mm	1	10 分	每超差 0.01 扣 5 分				
2	ϕ26 mm ± 0.01 mm	1	10 分	每超差 0.01 扣 5 分				
3	ϕ30 mm ± 0.01 mm	1	10 分	每超差 0.01 扣 5 分				
4	2 mm ± 0.02 mm	1	11 分	每超差 0.01 扣 5 分				
5	切割面粗糙度 Ra1.6 μm	8	8×3 分	降一级扣 3 分				
6	工件完整		15 分	酌情扣分				
7	安全文明操作		20 分	酌情扣分				

任务目标

一、知识目标

1. 掌握中速走丝电火花线切割的自动编程流程。

2. 掌握自动编程的跳步切割。

二、技能目标

1. 能对工件图形进行自动编程。

2. 能运用跳步切割。

任务准备

一、自动编程

编程菜单主要提供基本的二维作图,并提供部分编辑功能,用户可以较方便地绘制图形,并配以加工参数即可生成加工所需的 ISO 代码。同时还提供了 DXF 文件的数据接口,用户可读入并进行处理。

1. 画图

屏幕上方下拉箭头的按钮 用来进行图形、编辑、轨迹的切换;右下角提供了各种屏幕点的捕捉方式,及智能捕捉的各类点;右侧提供图形的各种缩放方式。

（1）画图（见图 1 - 2 - 22）：内带中心线、直线、圆弧、圆、矩形、多边形六项功能。

图 1 - 2 - 21　画图工具

（2）编辑（见图 1 - 2 - 23）：内带删除、裁剪、过渡、打断、延伸、旋转、移动、镜像、阵列九项功能。

图 1 - 2 - 22　编辑工具

（3）轨迹（见图 1 - 2 - 24）：内带轨迹生成、上下异型、代码生成、特殊点四项功能。

图 1 - 2 - 24　轨迹工具

2.画图选项

(1)中心线(见图1-2-25):可以控制长度。

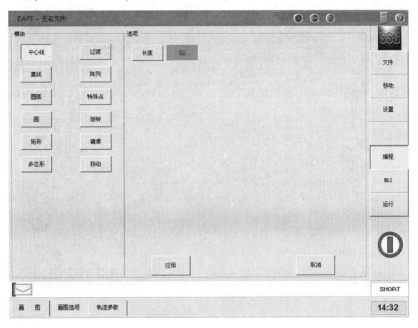

图1-2-25 中心线选项

(2)直线(见图1-2-26):提供了两点线、平行线、角度线、角等分线、切线法线五种类型。

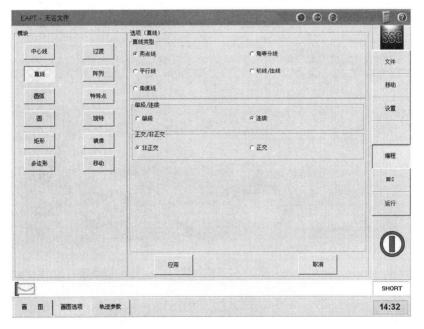

图1-2-26 直线选项

第一部分 机床基础操作

(3)圆弧(见图1－2－27):提供了三点圆弧、圆心_起点_圆心角、两点_半径、圆心_半径_起终角、起点_终点_圆心角、起点_半径_起终角六种类型。

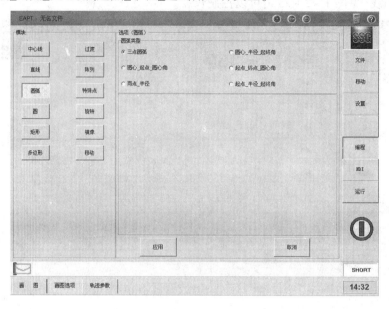

图1－2－27　圆弧选项

(4)圆(见图1－2－28):提供了圆心半径、两点、三点、两点_半径四种类型。

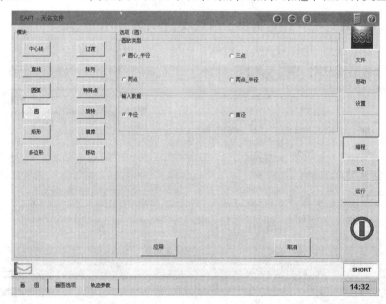

图1－2－28　圆选项

(5)矩形(见图1-2-29):提供了两角点、长度和宽度两种类型。

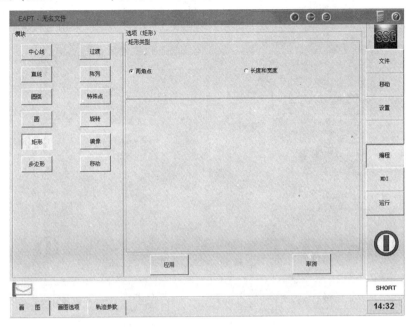

图1-2-29 矩形选项

(6)多边形(见图1-2-30):提供了中心定位、底边定位两种类型。

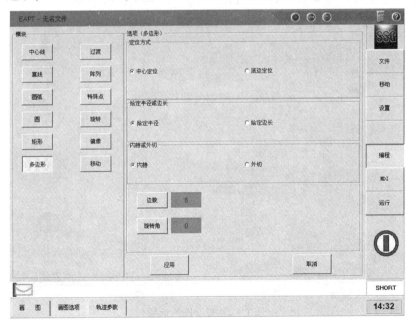

图1-2-30 多边形选项

3. 编辑选项

(1) 过渡(见图1-2-31):提供了圆角、多圆角、倒角、多倒角、尖角五种类型。

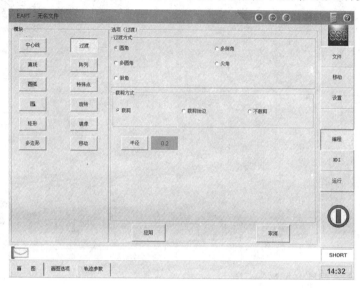

图1-2-31 过渡选项

(2) 阵列(见图1-2-32):提供了圆形阵列、矩形阵列两种类型。

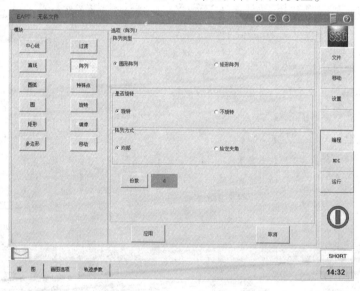

图1-2-32 阵列选项

（3）特殊点（见图1-2-33）：提供了暂停点、变锥度点、变参数点、对应点、清角点、删除点六种类型。

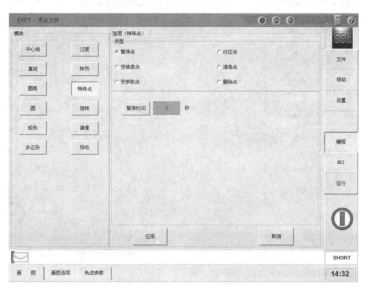

图1-2-33　特殊点选项

（4）旋转（见图1-2-34）：提供了旋转、复制两种类型。

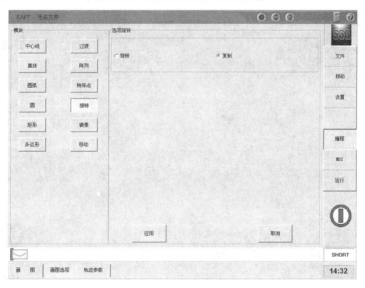

图1-2-34　旋转选项

（5）镜像（见图1－2－35）：提供了镜像、复制两种类型。

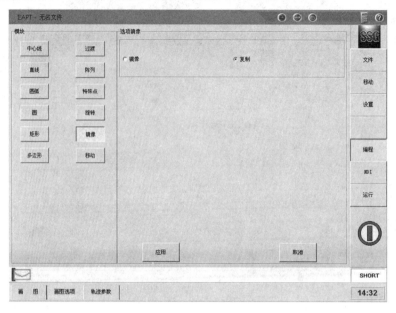

图1－2－35　镜像选项

（6）移动（见图1－2－36）：提供了移动、复制两种类型。

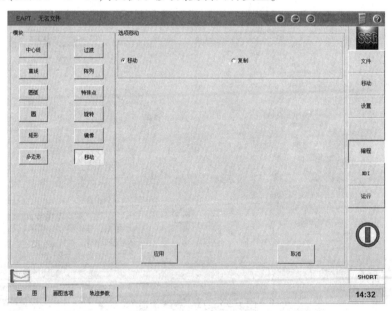

图1－2－36　移动选项

4.轨迹参数

按设置好的参数(见图1－2－37)生成加工轨迹。

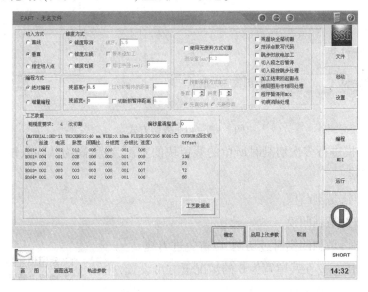

图1－2－37　轨迹参数

(1)切入方式(见图1－2－38)

直线:是指从起割点向第一条边的起点开始切割。

垂直:是指从起割点向第一条边的垂点开始切割。

指定切入点:是指从起割点向第一条边指定的割入点开始切割,到指定的分割点开始退刀,直到指定的退刀点停止。

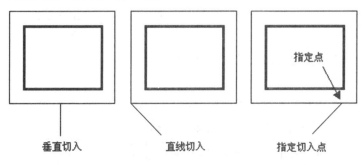

图1－2－39　切入方式

(2)编程方式(见图1－2－39)

这里的设置决定了最后生成的G代码中的数据点以绝对坐标方式表示还是以增量方式表示。以绝对方式表示的代码在多孔跳步时不宜引起累积误差;以增量方式表示的代码易于用户进行手工修改。

图1－2－39　编程方式

（3）残留方式（见图1-2-40）

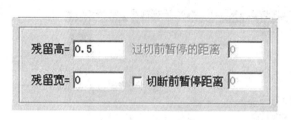

图1-2-40 残留方式

残留宽为凸模进行多次切割时所留的残留块的宽度，残留高为从切入段进入正式切割前所留的一段距离。

残留宽 >0 时，是割凸模

残留宽 =0 时，是割凹模

残留宽 <0 时，是割凹模时过切割，以避免进刀缝。

切断前的暂停距离在残留宽为0的情况下方可设置，并且仅对第一刀有效。当残留宽的值小于0时，方可设置过切前暂停的距离，同样仅对第一刀有效。

（4）加工选项设置（见图1-2-41）

残留块全部切割：选中则残留部分要修刀，不选中是指残留部分一次切割。

按浮点数写代码：程序代码是小数（以毫米为单位）。

跳步时放电加工：跳步程序按加工处理

加工结束回起割点： 选中则加工完成后要割回起割点，不选中表示加工结束就立刻停止。

相同图形做相同处理：是指相同图形可以同时生成轨迹。

（5）锥度方式（见图1-2-42）

锥度加工相对于垂直加工在编程和切割参数的设定方面有所不同，其余全都相同。

运行（见图1-2-43）：进入运行界面，点击左下角参数设定选项，修改参数。如果实际加工的锥度零件的尺寸与所要求的尺寸稍有差异，可以通过调整HA或HP使加工尺寸达到要求。

"HA"：设定HA，HA是线架下导轮中心点与夹具体或桥板之间的距离，此值必须大于0。

"HB"：设定HB，HB是夹具体或桥板与编程面之间的距离。编程面在上时为工件厚度，编程面在下时为0（不留刀口直身）。

图1-2-41 加工选项设置

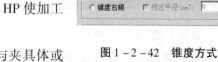

图1-2-42 锥度方式

"HC":设定 HC,HC 是夹具体或桥板与参考平面之间的距离,需注意 HB 必须不能等于 HC。

"HD":设定 HD,HD 为锥度加工时的 Z 轴坐标(Z 轴坐标可以参照 Z 轴标尺)。

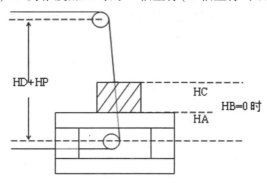

图 1-2-41 运行

"HP":设定 HP,HP 是线架上下导轮中心面的距离与 Z 轴坐标的差值。

HD + HP 为线架上下导轮中心面的距离(如果将 HP 设置为 0,则 HD 等于线架上下导轮中心面的距离。如果将 HD 设置为 0,则 HP 等于线架上下导轮中心面的距离)。本机通常设 HD 为 0 而 HP 为上下导轮中心距。

(6)工艺数据库(图 1-2-44)

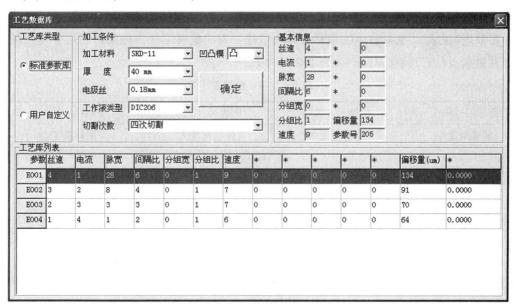

图 1-2-44 工艺数据库

电参数选择的基本规律如下。

①丝速。

运丝速度由高到低分四挡(4~1)。高速排屑好,低速光洁度好但工件厚度不能超过

10mm,否则很容易断丝。

②电流。

电流分 1~4 挡,电流数越大,单脉冲能量越大,放电间隙越大,加工稳定性越好速度就越快;但电流越大工件表面粗糙度就越大,钼丝损耗就越大,所以,应选择恰当的电流值。

③脉宽。

脉冲宽度 1,2,4,6,8,10 μs 属于精加工,工件光洁度很好,但效率较低;脉冲宽度 12~36 μs 属于中加工,光洁度和效率都比较好;脉冲宽度 36 μs 以上属于粗加工,光洁度差但效率高,适用于切割厚工件或开料。

④间隔比。

脉冲间隔比 1~20 是指单脉冲休息时间与工作时间的比值,它与工件厚度有关。脉冲间隔比越大,排屑越充分,但相应地效率就会降低。

> 注:切割 100mm 以下的工件电流一般不超过 1、2,否则断丝的概率会大大提高。割厚工件时才可以把电流提高到 3 或 4。

⑤速度。

速度从慢到快分 0~10 挡。进给速度过慢会降低效率造成欠跟踪,工件表面发黑;进给速度过快则会造成过跟踪引起短路甚至烧丝。一般来说,当加工电流为短路电流的 75%~80% 时,比较恰当,此时电流表指针保持稳定,加工处于最佳状态。

⑥偏移量。

参数表(见表 1-2-6)中的偏移量体现了每一刀的偏移尺寸。如果产品尺寸与图纸尺寸存在差别,将四刀偏移量同时改变 1/2 尺寸差。

表 1-2-6　参数表

凸模尺寸偏大	凸模尺寸偏小	凹模尺寸偏大	凹模尺寸偏小
偏移量变小	偏移量变大	偏移量变大	偏移量变小

5. 轨迹生成(示意见图 1-2-45)

轨迹参数设定完成后,在屏幕的左下角系统提示"拾取轮廓"。鼠标左键单击选中第一条线段,然后点击箭头选择链拾取方向,系统此时会出现新箭头,再选择偏移方向(往里偏移),然后输入穿丝点坐标后右击鼠标即可生成一个绿色的加工轨迹。

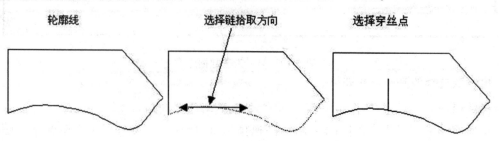

图 1-2-45　生成轨迹过程示意

（1）轮廓线：所加工工件或者路线的轨迹。

（2）选择链拾取方向：钼丝切入点的起割方向。

（3）选择偏移方向：钼丝加工时所偏移的方向（一般切割凸模时往轨迹的外端偏移，此时生成的加工轨迹线是绿色的；切割凹模时往轨迹线的内侧偏移，生成的加工轨迹线是黄色的）。

（4）穿丝点位置：穿丝起割的位置。

（5）分割点位置。

任务实施

一、加工准备

1. 机床与工量具的选择

加工本任务工件，选用的机床为苏三光 HA500 中速走丝线切割机床、特种加工专用油、ϕ0.18 mm 钼丝、扳手、压板、螺钉、十字/一字螺丝刀、带表游标卡尺。

2. 选择毛坯

工件的厚度为 3 mm，为了装夹方便，工件的毛坯尺寸取 70 mm × 130 mm。

由于该工件需要进行跳步切割，所以根据工艺的需要，在毛坯工件上钻直径为 4 mm 的工艺孔，工艺孔的位置尺寸如图 1-2-46 所示。

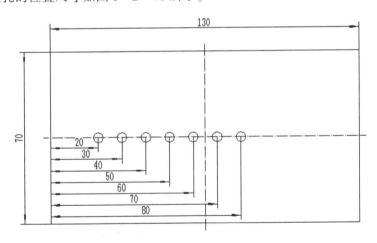

图 1-2-46　工艺孔的位置尺寸图

第一部分　机床基础操作

3. 数控线切割加工工艺过程的规定(见表 1 - 2 - 7)

为了保证外形的尺寸精度,采用一次装夹方式完成加工。

表 1 - 2 - 7　数控线切割加工工艺过程的规定

序号	工序名称	工序主要内容
1	零件毛坯确定	根据零件图,毛坯尺寸为 3 mm×70 mm×130 mm,并磨光两个大面
2	线切割编程	导入加工图纸并做处理编制加工程序
3	工件装夹 校正	工件装夹后,校正基准边与机床工作台 X 或 Y 轴平行
4	切割零件	调出零件程序,检查无误后模拟仿真,启动加工
5	零件检测	用千分尺、万能量角器相应尺寸和锥度

4. 编线切割加工程序

出于加工的需要,毛坯料先钻出七个孔,序号分别为 1,2,3,4,5,6,7,如图 1 - 2 - 47 所示。采用跳步切割的方式来加工。

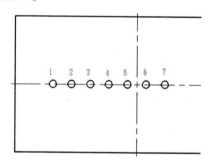

图 1 - 2 - 47　钻孔编序号

(1)绘图

进入系统点击 ▇▇ (编程),点选 〔✏〕‧(画图)进行图形的绘制,得到图 1 - 2 - 48 所示的图形。

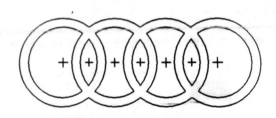

图 1 - 2 - 48　绘图

（2）生成加工轨迹

在屏幕上方的菜单栏选择轨迹————轨迹生成,这时候会弹出一个轨迹参

数的图框,设定该图的轨迹参数。

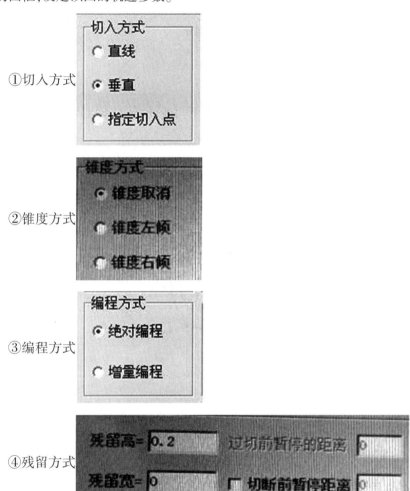

①切入方式

②锥度方式

③编程方式

④残留方式

⑤工艺数据库。

轨迹参数设定完成后,在屏幕的左下角系统提示"拾取轮廓"。鼠标左键单击选中第一条线段,然后点击箭头选择链拾取方向,系统此时会出现新箭头,再选择偏移方向,然后输入穿丝点位置后右击即可生成一个加工轨迹。依次生成1,2,3,4,5,6,7,8个轨迹线。得到轨迹线图形如图1-2-49所示。

图 1 - 2 - 49　轨迹线图形

3）生成代码

生成轨迹线后,点击生成代码 **ISO**,在屏幕左下角系统提示"拾取轨迹线",按照加工的顺序点选轨迹线,之后右击鼠标确认生成代码。所生成的代码及图形如图 1 - 2 - 50 所示。

图 1 - 2 - 50　代码及图形

（MATERIAL:SKD - 11 THICKNESS:10 mm WIRE:0.18mm FLUSH:DIC206 MODE:凸 CUTNUM:一次切割）

	丝速	电流	脉宽	间隔比	分组宽	分组比	速度
E001 =	004	001	020	004	000	000	009

H001 =100　　　　　　　　　　　　　G01X8468Y9599

; Number : 1　　　　　　　　　　　　H001

G92X23187Y38174　　　　　　　　　　E001

G91　　　　　　　　　　　　　　　　M98 P0001

E001　　　　　　　　　　　　　　　　M00

G01X − 8468Y − 9599

; Number : 2

G91

G00X10000Y0

E001

G01X2800Y0

H001

E001

M98 P0002

M00

G01X − 2800Y0

; Number : 3

G91

G00X10000Y0

E001

G01X − 8468Y9599

H001

E001

M98 P0003

M00

G01X8468Y − 9599

; Number : 4

G91

G00X10000Y0

E001

G01X2800Y0

H001

E001

M98 P0004

M00

G01X − 2800Y0

; Number : 5

G91

G00X10000Y0

E001

G01X8468Y9599

H001

E001

M98 P0005

M00

G01X − 8468Y − 9599

; Number : 6

G91

G00X10000Y0

E001

G01X2800Y0

H001

E001

M98 P0006

M00

G01X − 2800Y0

; Number : 7

G91

G00X10000Y0

E001

G01X8554Y9522

H001

E001

M98 P0007

M00

G01X − 8554Y − 9522

; Number : 8

G91

G00X − 1983Y45504

E001

G01X1321Y − 30318

H001

E001

M98 P0008

M00

G01X – 1321Y30318

M02

N0001

G01X132Y150

G42

G03X0Y – 19498I11400J – 9749

G02X0Y19498I – 8600J9749

G50

G40

G01X – 132Y – 150

M99

N0002

G01X200Y0

G41

G03X – 3000Y8307I – 13000J0

G03X0Y – 16613I10000J – 8307

G03X3000Y8307I – 10000J8307

G50

G40

G01X – 200Y0

M99

N0003

G01X – 132Y150

G42

G02X17200Y0I8600J – 9749

G03X0Y – 19498I11400J – 9749

G02X – 17200Y0I – 8600J9749

G03X0Y19498I – 11400J9749

G50

G40

G01X132Y – 150

M99

N0004

G01X200Y0

G41

G02X – 3000Y – 8307I – 13000J0

G02X0Y – 16613I – 10000J – 8307

G02X3000Y – 8307I – 10000J – 8307

G50

G40

G01X – 200Y0

M99

N0005

G01X132Y150

G41

G03X – 17200Y0I – 8600J – 9749

G02X0Y – 19498I – 11400J – 9749

G03X17200Y0I8600J9749

G02X0Y19498I11400J9749

G50

G40

G01X – 132Y – 150

M99

N0006

G01X200Y0

G41

G02X – 3000Y – 8307I – 13000J0

G02X0Y16613I10000J8307

G02X3000Y – 8307I – 10000J – 8307

G50

G40

G01X – 200Y0

M99

N0007

G01X134Y149

G42

G02X – 17287Y – 19420I – 8687J – 9671

G03X0Y19498I – 11400J9749

G02X17287Y – 78I8600J – 9749

G50

G40

G01X – 134Y – 149

M99

N0008

G01X9Y – 200

G42

G03X – 9347Y – 3805I653J – 14986

G03X – 20000Y0I – 10000J – 11180

G03X – 20000Y0I – 10000J – 11180

G03X0Y – 22361I – 10000J – 11180

G03X20000Y0I10000J11180

G03X20000Y0I10000J11180

G03X9347Y26166I10000J11180

G50

G40

G01X – 9Y200

M99

5. 装夹工件,找正

图 1 - 2 - 51 所示对工件进行装夹采用的是压板。

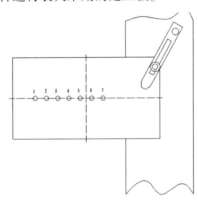

图 1 - 2 - 51 用压板装夹工件

校正方法:

(1)工件用压板进行预紧(勿上紧),将钼丝移至靠近工件的边缘,并保持 0.5 mm 左右的距离。

(2)用手动模式点动机床 X 轴移动,一直移动,直到两端的钼丝距离工件保持一致为止。校正结束。

6. 加工工件

先在机床加工界面上,模拟仿真加工路线,通过模拟加工来

观察加工路线是否合理。模拟加工没有问题之后再进行加工。

7. 零件检测

加工完毕,取下零件,游标卡尺检查工件是否符合尺寸要求。若不符合要求,找出原因进行纠正,以备加工下一个零件。如图 1-2-52 所示为工件与废料图。

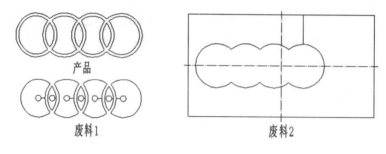

图 1-2-52 工件与废料

8. 小结

该任务主要讲述了自动编程的流程及参数的相关设定,并且讲述了跳步切割的顺序应该如何选择。

工作完后,应切断电源、清扫切屑、擦净机床,夹具和附件等应擦拭干净并放回原处,在导轨面上加注润滑油,各部件应调整到正常位置,打扫现场卫生,填写设备使用记录。

工作任务

一、任务图样

要加工的零件如图 1-2-53 所示,是用 60 mm×40 mm×100 mm 的材料切割出的 V 形导轨。

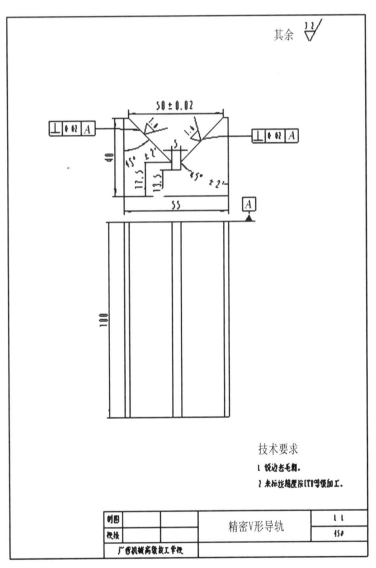

图 1-2-53 零件图

此零件为长 100 mm,开口为 90°的 V 形导轨。该导轨对两斜面有精度的要求,其要求如零件图 1 - 2 - 53 所示。

二、评分标准(见表 1 - 2 - 8)

表 1 - 2 - 8　评分标准

序号	考核内容	组	配分	评分标准	自测	教师测	扣分	总得分
1	50 mm ± 0.02 mm	1	15 分	每超差 0.01 扣 5 分				
2	⊥ | 0.02 | A	2	2 × 12 分	每超差 0.01 扣 4 分				
3	45° ± 2′	2	2 × 12 分	每超差 1 扣 4 分				
5	切割面粗糙度 Ra1.6 μm	2	2 × 5 分	降一级扣 5 分				
6	工件完整		12	酌情扣分				
7	安全文明操作		15	酌情扣分				

任务目标

一、知识目标

1. 掌握上丝及校垂直的流程。

2. 掌握百分表校工件的流程。

二、技能目标

1. 能用设备进行上丝、校垂直操作。

2. 能用百分表校正工件。

任务准备

一、上丝与校垂直

1. 上丝

在主界面(见图 1 - 2 - 54)右上角按"虚拟面板 "→ 再按"上丝 ▦ "。此时丝筒边的上丝按钮就开放了。

(1)将丝筒罩壳保护开关拨到"OFF"状态,取下丝筒罩壳。

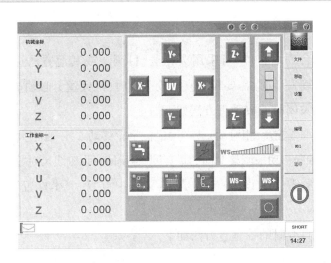

图 1 - 2 - 54　主界面

（2）按上丝按钮，将丝筒开到机床左侧，再按上丝按钮则丝筒停。

（3）将运丝机构行程挡铁向两侧移开，按右限位开关，把丝盘装在床身内的紧丝装置上。

（4）打开立柱门，将装有电极丝的丝盘装在立柱内腔的上丝装置的转轴上。将上丝装置上的电极丝通过上丝轮引向储丝筒，并用储丝筒右端的螺钉固定。用储丝筒摇手柄逆时针转动储丝筒，将电极丝在储丝筒上绕几圈，再按一下上丝按钮，机床自动上丝，电极丝将以一定的张力均匀地盘绕在储丝筒上。当电极丝在储丝筒上达到所需要的宽度时，再按一下上丝按钮，储丝筒停下。将储丝筒与丝盘之间的电极丝剪断，将储丝筒上电极丝的丝头用储丝筒左端的螺钉固定。

（5）穿丝：以从上往下穿丝为例。使储丝筒向右移动一点，使后排丝轮径向截面处在储丝筒上所盘绕的电极丝左侧，并且后排丝轮径向截面处在储丝筒左端螺钉的右侧，即后排丝轮处在电极丝和螺钉两者之间。

（6）将储丝筒左端的螺钉松开，将电极丝的丝头取下。将电极丝经过后排丝轮、上导轮、下导轮引回储丝筒并用储丝筒左端的螺钉固定。将电极丝在储丝筒上绕几圈，使电极丝不摩擦线架下臂。

（7）使左侧的限位开关动一下，确保储丝筒下次将向左移动。

（8）按一下上丝按钮，储丝筒向左移动。调节运丝机构行程挡铁位置并固定，保证在高速运丝时储丝筒两端的电极丝有一定的余量。

（9）在虚拟面板上按" 紧丝"，将丝筒开到机床的一侧，将配重块挂在钼丝上，开动丝筒的同时将配重用力向下拉，直到钼丝运转了一个来回后再按"上丝按钮"则停止。将剩下的钼丝系在丝筒一侧的螺丝上，多余的钼丝剪掉即可。

（10）完成操作后，装上储丝筒防护罩，将运丝机构安全装置盒上的开关置于"ON"位置。

2. 校垂直

电极丝相对工作台的垂直度,可采用火花法、目测法或其他方法进行调整。当更换导轮、轴承,导轮组件重新安装时,需要校垂直。校垂直时,电极丝上必须挂恒张力机构。

U、V 轴螺距补偿关闭时的校垂直方法如下。

(1)用数控方式(如线控盒、相对动)或者用机械手轮移动 U、V 轴,使电极丝与工作台垂直。还可利用导轮组件的轴向移动来调整 V 向的垂直度,尽量使行程刻线尺对零,以免影响行程。

(2)将 U、V 坐标置零(在"设置\工作坐标"菜单中点"U、V 坐标置零",再点"保存并退出")。

U、V 轴螺距补偿打开时的校垂直方法如下。

(1)打开 U、V 轴的螺距补偿功能(在"设置\螺距补偿"菜单中,将 U、V 轴的螺距补偿状态设为"ON")。

(2)U、V 轴回零(在"移动\回零"菜单中,分别使 U、V 轴回零,回零成功后按"确定")。如果上一次 U、V 轴回零后,一直是以数控方式移动 U、V 轴的,则不需要再次回零。

(3)用数控方式移动 U、V 轴,使电极丝与工作台垂直。还可利用导轮组件的轴向移动来调整 V 向的垂直度,尽量使行程刻线尺对零,以免影响行程。

(4)将 U、V 坐标置零(在"设置\工作坐标"菜单中点"U、V 坐标置零",再点"保存并退出")。

当垂直度调整好后,可以把 U、V 手轮刻度圈对零,作为参考。

二、加工中的操作

1. 暂停

暂停加工,关闭脉冲电源、水泵和运丝电机。加工过程中用户如果需要调整可以在 ISO 文件中设定,或者在加工过程或跳步过程中按【F1】或【暂停】键▮▮实现暂停。暂停时用户可以更改电参数,也可以执行上丝、紧丝等操作。用户结束操作后按加工键▶继续加工或按加工中止键▮退出加工。

2. 断丝

加工过程中工件表面有锈、加工参数选择不当、喷流状态不稳定等因素造成断丝。断丝后屏幕上会出现断丝提示。

断丝后可以有三种选择:断丝点上丝,回参考点上丝,回起割点上丝。上丝操作可以在虚拟面板中完成。

断丝点上丝:断丝后在原地执行上丝操作,上丝后按 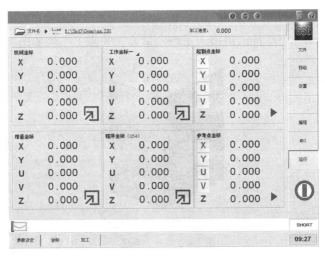 继续切割,切割将从断丝点继续。

回参考点上丝:断丝后在"坐标"子菜单中,可以选择移回上一个参考点(包括 M00 暂停点,G00 跳步暂停点,G29 参考点)。在参考点执行上丝操作后,返回"加工"子菜单按 ▶ 继续切割,切割将从参考点继续。

回起割点上丝:断丝后,按中止键 ■,取消切割。在坐标子菜单中,可以选择移回该程序的起割点。用户上丝后确认电极丝在起割点后,在加工子菜单按 ▶ 重新切割该程序,注意应取消继续加工的选项 □ 继续加工,否则会拉断电极丝。

其中:按"起割点坐标"中的绿色三角形按钮 ▶ 后,系统将回到加工起割点。

按"参考点坐标"中的绿色三角形按钮 ▶ 后,系统将回到上一个 G29 所指定的参考点,如果前面未出现 G29,则回到加工起割点。

按键【Ctrl】+【Enter】上丝,在断丝点上丝,用户穿丝后按【Enter】键继续加工。

点击"起割点坐标"的 X,Y,U,V 按钮,每个按钮会在按下和弹起之间切换。当按绿色三角形按钮 ▶ 后,按下 X,Y,U,V 按钮的轴会移动初始加工时的坐标(见图 1 – 2 – 55)。"参考点坐标"与"起割点坐标"类似,不同的是移动到上一个暂停点(M00 暂停点,G00 跳步暂停点)或参考点(G29 参考点)的功能,操作方法与"起割点坐标"一样。

提示断丝,但实际丝没有断:更换或清洗断丝采样导轮及导电杆(接线号为 SW07)。

断丝不会保护:一般情况下是 SW07 线与床身直接发生了短路,请检查。

图 1 – 2 – 55　坐标

3. 继续加工

加工中止后,只要工件的位置没有变化,仍可恢复上次未加工结束的文件。在 MDI 功能下不支持加工中断的恢复功能。

4. 短路

在加工过程中尽管系统有短路自动回退功能,如果出现某些情况如电极丝卡在工件中,当系统回退一定距离后仍没有脱离短路状态,这时屏幕上出现短路提示,用户有以下三种选择。

选项一:按加工键后,系统在短路点重新开始加工。

选项二:用户也可用线控盒移动电极丝消除短路状态后,选中"放电加工至短路点",从当前点至短路点自动插入直线进行加工,然后继续原来的加工。

选项三:按加工中止键则退出加工。

在跳步加工时,如果跳步后因为穿丝孔位置有偏差而导致短路,系统将出现提示。用户可以用线控盒将电极丝移动到穿丝孔中央后选中"放电加工至短路点",从当前点至短路点自动插入直线进行加工,然后继续原来的加工。

任务实施

一、加工准备

1. 设备与工量具的选择

加工本任务工件,选用的机床为苏三光 HA500 中速走丝线切割机床、特种加工专用油、φ0.18mm 钼丝、扳手、压板、螺钉、十字/一字螺丝刀、万能角度尺、带表游标卡尺。

2. 选择毛坯

由零件图可以知道,该零件为 60 mm × 40 mm × 100 mm 的产品外形。采用的毛坯尺寸可以为 80 mm × 60 mm × 100 mm,留出一定的余量方便装夹。毛坯如图 1 - 2 - 56 所示。

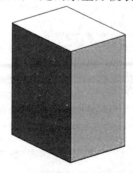

图 1 - 2 - 56　毛坯

3. 数控线切割加工工艺过程的规定(见表1-2-9)

为了保证外形的尺寸精度,采用一次装夹方式完成加工。

表1-2-9 数控线切割加工工艺过程的规定

序号	工序名称	工序主要内容
1	零件毛坯确定	根据零件图,用铣床铣出 80 mm×60 mm×100 mm 的毛坯料
2	线切割编程	导入加工图纸并做处理,编制加工程序
3	工件装夹、校正	工件装夹后,校正基准边与机床工作台 X 或 Y 轴平行
4	切割零件	调出零件加工程序,检查无误后模拟仿真,启动加工
5	零件检测	用千分尺、万能角度尺测量相应尺寸和角度

4.编线切割加工程序

(1)绘图

进入系统点击 █ (编程),点选 █ (打开文件)导入

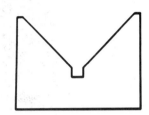

图1-2-55 绘图

目标路径下的 DXF 格式的图形。得到图 1-2-57 所示的图形。

(2)生成加工轨迹

在屏幕上方的菜单栏选择轨迹————轨迹生

成,这时候会弹出一个轨迹参数的图框,设定该图的轨迹参数如下。

①切入方式

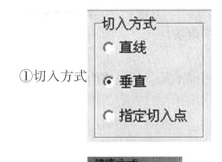

②锥度方式

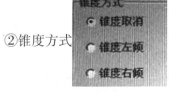

③编程方式

④残留方式

⑤工艺数据库

轨迹参数设定完成后,此时在屏幕的左下角系统提示
"拾取轮廓"。鼠标左键单击选中第一条线段,然后点击箭头
选择链拾取方向,系统此时会出现新箭头,再选择偏移方向,
然后点取穿丝点位置后右击即可生成一个加工轨迹,得到轨
迹线图形如图1-2-58所示。

(3)生成代码

生成轨迹线后,点击生成代码 **ISO** ,在屏幕左下角系

图1-2-58 轨迹线图形

统提示"拾取轨迹线",点选轨迹线,之后右击鼠标确认生成代码。所生成的代码及图形如图
1-2-59所示。

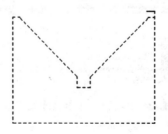

图1-2-59 代码及图形

（MATERIAL：SKD－11 THICKNESS：100 mm WIRE：0.18mm FLUSH：DIC206 MODE：凸 CUTNUM：四次切割）

	（丝速	电流	脉宽	间隔比	分组宽	分组比	速度）
E001 =	004	002	040	010	000	000	008
E002 =	002	003	006	005	000	000	007
E003 =	002	003	004	004	000	000	007
E004 =	002	003	002	003	000	000	007

H001 = 128 H002 = 100 H003 = 85 H004 = 80

; Number : 1

G92X55392Y153888

G91

E001

G01X0Y－800

H001

E001

M98 P0001

H002

E002

M98 P0002

H003

E003

M98 P0001

H004

E004

M98 P0002

M00

H001

E001

M98 P0003

H002

E002

M98 P0004

H003

E003

M98 P0003

H004

E004

M98 P0004

G01X0Y800

M02

N0001

G01X0Y－200

G42

G01X－2500Y0

G01X－22500Y－22503

G01X0Y－4000

G01X－5000Y0

G01X0Y4000

G01X－22500Y22503

G01X－2500Y0

G01X0Y－40000

G01X55000Y0

G01X0Y38000

G50

G40

G01X0Y200

M99

N0002

G01X0Y – 200

G41

G01X0Y – 38000

G01X – 55000Y0

G01X0Y40000

G01X2500Y0

G01X22500Y – 22503

G01X0Y – 4000

G01X5000Y0

G01X0Y4000

G01X22500Y22503

G01X2500Y0

G50

G40

G01X0Y200

M99

N0003

G01X0Y – 200

G41

G01X0Y – 2000

G50

G40

G01X0Y200

M99

N0004

G01X0Y – 200

G42

G01X0Y2000

G50

G40

G01X0Y200

M99

5. 装夹工件,找正

图 1 – 2 –60 所示采用的是压板对工件进行装夹。

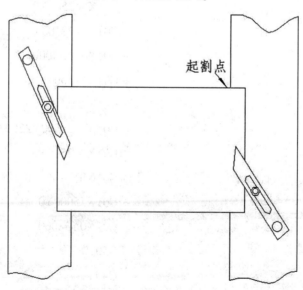

图 1 – 2 – 60　采用压板装夹工件

由于该工件采用的是全部外形进行切割,故不用对工件进行校正。

6. 加工工件

先在机床加工界面上,模拟仿真加工路线 ,通过模拟加工来观察加工

路线是否合理。模拟加工没有问题之后再进行加工。

7. 零件检测

加工完毕,取下零件,用游标卡尺、万能角度尺检查工件是否符合尺寸要求。若不符合要求,找出原因进行纠正,以备加工下一个零件。图1-2-61所示为工件图。

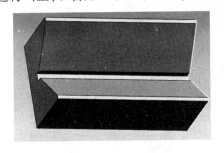

(a)   (b)

图1-2-61 工件与废料

8. 小结

该任务主要讲述了自动编程的流程及参数的相关设定,并且要知道跳步切割的顺序应该如何选择。

工作完后,应切断电源、清扫切屑、擦净机床,夹具和附件等应擦拭干净并放回原处,在导轨面上加注润滑油,各部件应调整到正常位置,打扫现场卫生,填写设备使用记录表。

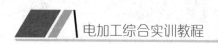

第三节　电火花成型机床基础加工操作 农用铝合金刀座模具电火花成型加工

一、任务图样

要加工的零件如图1-3-1所示,此零件是农用铝合金刀座模具的左模板。

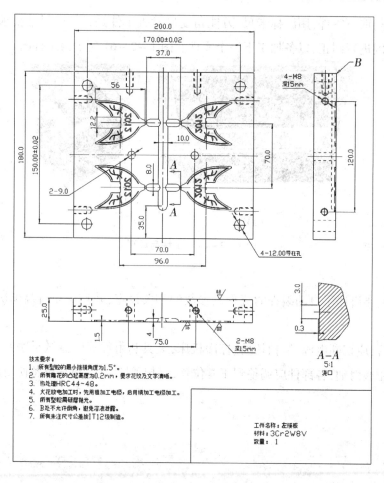

图1-3-1　铝合金刀座模具左模板

二、零件的结构及工艺分析

此零件是农用铝合金刀座重力铸造模具的左模板,型腔深度是1.5mm,是典型的浅型腔花纹模具,左、右两腔有不同的文字和花纹,加工表面粗糙度 Ra 值为 $1.6\ \mu m$,尺寸精度要求一般,但成型部分要求花纹及文字清晰。

三、工具电极的技术要求

根据对模具零件的结构及技术要求分析,为了提高加工效率及保证加工精度,电极加工如图 1 – 3 – 2 所示。

(1)电极材料:紫铜,电极设计为两个,一个用来粗加工(见图 1 – 3 – 2),另外一个用来精加工(见图 1 – 3 – 3)。

(2)电极加工工艺:电极加工时 65 mm × 55 mm 的台阶必须与成型电极部分一次装夹同时加工出来,同时以 65 mm × 55 mm 台阶分中作为电极的中心,以便放电时找到基准。

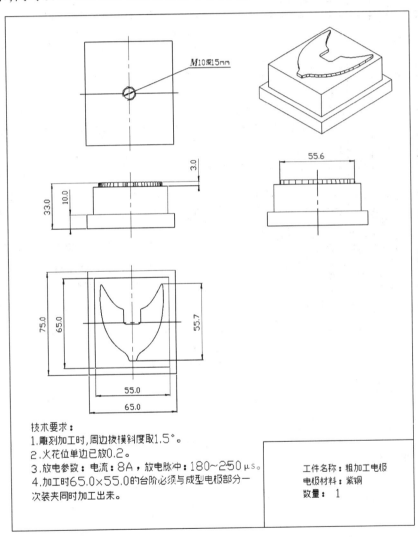

技术要求:
1. 雕刻加工时,周边拔模斜度取1.5°。
2. 火花位单边已放0.2。
3. 放电参数:电流:8A,放电脉冲:180~250μs。
4. 加工时65.0×55.0的台阶必须与成型电极部分一次装夹同时加工出来。

工件名称:粗加工电极
电极材料:紫铜
数量: 1

图 1 – 3 – 2 粗加工电极

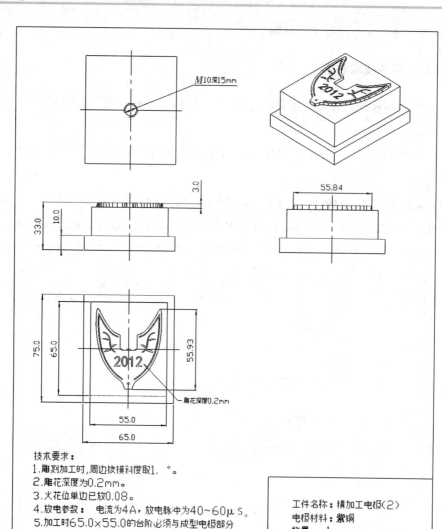

技术要求：
1. 雕刻加工时，周边拔模斜度取1．°。
2. 雕花深度为0.2mm。
3. 火花位单边已放0.08。
4. 放电参数： 电流为4A，放电脉冲为40~60μS。
5. 加工时65.0×55.0的台阶必须与成型电极部分
一次装夹同时加工出来。

工件名称：精加工电极（2）
电极材料：紫铜
数量： 1

图 1 - 3 - 3 精加工电极

四、工艺方法

多电极加工法。

五、使用的设备

苏州三光 D7140P 型电火花成型机床。

六、操作面板及其功能应用

1. ZNC 功能按键(见表 1-3-1)

表 1-3-1　ZNC 功能按键

F1:手动放电设定	F6:找中心点
F2:自动放电设定	F7:EDM 参数
F3:程式编辑	F8:机械参数
F4:位置归零	F9:放电计数归零
F5:位置设定	F10:放电参数自动匹配
数字键 0—9	→←↑↓:移动游标指定轴向
DEL:电脑设置	↵:错误数字清除
YES:归零、分中确认	NO:归零、分中取消
ENTER:数据输入确认	

2. 操作画面(见图 1-3-4)

(1)位置显示视窗:显示各轴位置包含绝对坐标及增量坐标 X、Y、Z 三轴。增量坐标的作用是加工复杂模时可以建立第二个尺寸基准面。

(2)状态显示视窗:显示执行状态,包含计时器、总节数、执行单节数、执行状态单节及 Z 轴设定值。

(3)程式编辑视窗:程式编辑操作。

(4)EDM 参数显示视窗:EDM 参数操作更改。

(5)功能键显示视窗:F1 ~ F8 操作按键。

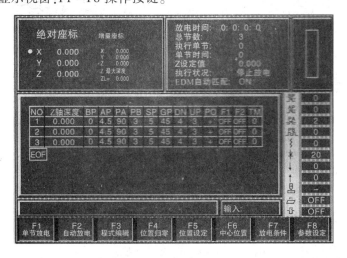

图 1-3-4　操作画面

3. 手动放电操作(见图 1 – 3 – 5)

当使用者使用手动放电时,按下【F1】进入本功能,此时操作步骤如下。

(1)键入手动放电尺寸。

(2)调整放电参数使用【F7】。

(3)按放电开始 v

(4)当尺寸到达时,系统会自动上升至安全高度。

(5)可使用自动匹配及喷油方式加工。

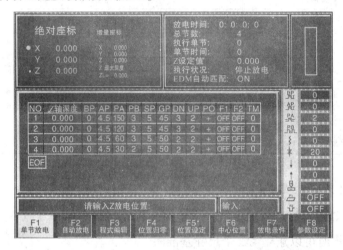

图 1 – 3 – 5　手动放电操作

4. 自动式执行(见图 1 – 3 – 6)

当使用者使用自动放电时,按下【F2】进入本功能,自动放电与手动放电功能的不同之处在于自动放电按照事先规划的程式,其画面如图 1 – 3 – 6 所示。

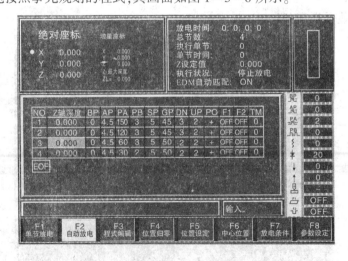

图 1 – 3 – 6　自动式执行

此时可用游标选择预备执行之单节往下执行,当程式执行时是由单节号码少的节往节数大之单节执行,而执行的状态皆会显示于状态栏,在放电中可随时更改放电条件。

按下开始放电执行本功能,当碰到设有计时加工条件时,如位置先到则往下一单节执行,如果时间先到则不管位置而继续往下执行。当尺寸到达时,系统会自动上升至安全高度。

5. 程式编辑(见图1-3-7)

在执行程式之前,操作者需要先规划放电程式,以供系统自动执行之用。为此操作者可使用"F3"程式编辑器编辑程式,进入此画面后有以下功能键:F1:插入单节,F2:能删除单节;F3:EDM参数减少;F4:EDM参数增加。请使用以上按键及数字键输入尺寸及参数,本编辑器可预编九节。输入程式系统会自动存档,待下次开机会自动载入。

程式编辑步骤:

(1)使用上下左右游标键移动游标至编辑栏位;

(2)如果是Z轴输入栏则输入尺寸(数字键);

(3)如果是"EDM"参数则使用"F3"与"F4"更改参数;

(4)使用"F1"插入所需单节,此时系统会将游标所在单节拷贝到下一单节;

(5)使用"F2"删除不要的单节;

(6)编辑完成使用"F8"跳出,系统会自动存档。

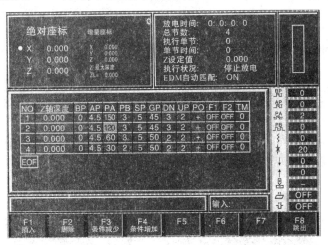

图1-3-7 程式编辑

6. 位置归零(见图1-3-8)

当使用者要建立工作点时,可使用"F4位置归零",其操作画面如图1-3-8所示。

位置归零步骤:

（1）使用者可选择绝对坐标或增量坐标。

（2）使用游标移到归零轴向。

（3）按"F4"位置归零。

（4）按"Y"归零确定。

（5）按"N"归零取消。

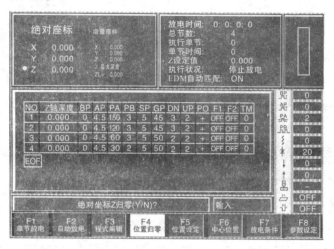

图1-3-8　位置归零

（6）工作面设立可使用低能量放电方式找寻零点。

7. 设定位置

当使用者要建立工作点时，可使用"F5位置设定"。其操作画面如图1-3-9所示。

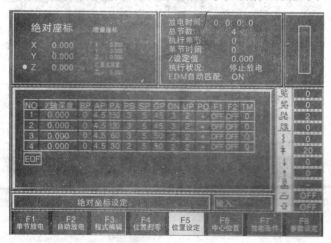

图1-3-9　设定位置

位置设定步骤:

(1)使用者可选择绝对坐标或增量坐标。

(2)使用游标移到指定轴向。

(3)按"F5"进行位置设定。

(4)按数字键输入。

(5)按"ENTER"键确认。

(6)按退后键取消。

8.设定中心位置

当使用者要建立工作点中心时,可使用"F6 中心位置"设定,其操作画面如图 1 - 3 - 10 所示。

位置设定步骤:

(1)使用者可选择绝对坐标或增量坐标。

(2)使用游标移到指定轴向。

(3)按"F6 中心位置"设定。

(4)按"Y"键时所选择坐标会被除 2。

(5)按"N"键取消。

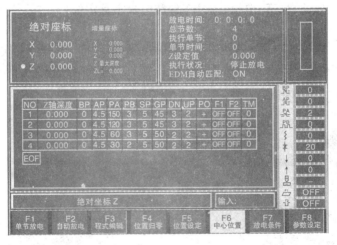

图 1 - 3 - 10　设定中心位置

9.EDM 放电条件参数修改

当放电中要修改 EDM 放电条件时,按下"F7 放电条件",此时画面如图 1 - 3 - 11 所示。

EDM 调整步骤:

(1)使用上下游标移动到需要修改的条件。

(2)使用左右游标减少或增加。

（3）所修改的条件会随时被送到放电系统。

（4）如果自动匹配功能打开，则调整时系统会以 PA 为依据自动匹配其他参数，PA、BP 除外。

（5）"F10"可打开或关闭自动匹配功能。

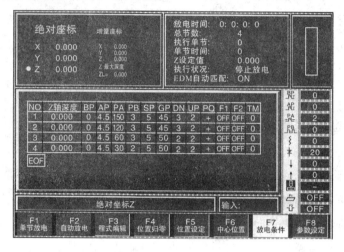

图 1 - 3 - 11　EDM 放电条件参数修改

七、工件装夹、校正、固定，电极装夹（工件和电极相互定位）

（1）首先校平电极的三个基准面与火花机基准平行，如图 1 - 3 - 12 所示。

（2）然后将工件平置于工作台平面，校平工件 X 轴、Y 轴与火花机平行，如图 1 - 3 - 13 所示。

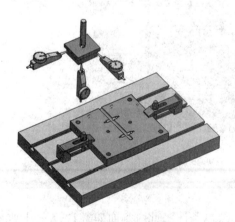

图 1 - 3 - 12　校平电极的三个基准面与
火花机基准平行

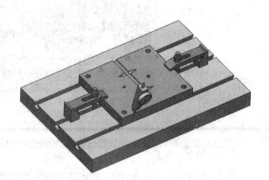

图 1 - 3 - 13　校平工件 X 轴、Y 轴与
火花机平行

八、对刀,加工参数的选择,加工过程

设定加工原点找出工件和电极的中心(见图 1 - 3 - 14)。

方法:当在寻找工件中心点时,移动工作台,使电极 65 mm×55 mm 的台阶侧面轻触工件的一端,再移动工作台使电极轻触工件的另一端,找出 X 方向的中心,Y 方向的中心也用同样的方法找出来。

九、程序输入和加工参数设定

粗加工放电脉冲:180~250 μs,电流:8A;精加工放电脉冲:40~60 μs,电流:4A。

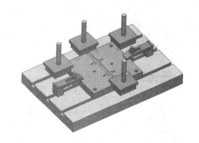

图 1 - 3 - 14 设定加工原点,找出工件和电极的中心

十、程序运行,开始加工

加工要点:

(1)第一个紫铜电极进行粗加工到工件深度留量的 0.2mm 处,再进行精加工。

(2)第二个紫铜电极进行精加工和文字加工。

十一、关机

关闭电源。

十二、零件检测(见图 1 - 3 - 15)

(1)加工表面的粗糙度 Ra 值为 1~1.6μm,且洁白均匀,符合设计要求。

(2)文字及花纹清晰,基本看不出有任何因损耗而模糊的表面。

图 1 - 3 - 15 零件检测

第四节 电火花高速穿孔机床加工基础操作钻模加工

工作任务

一、任务图样(见图 1 - 4 - 1)

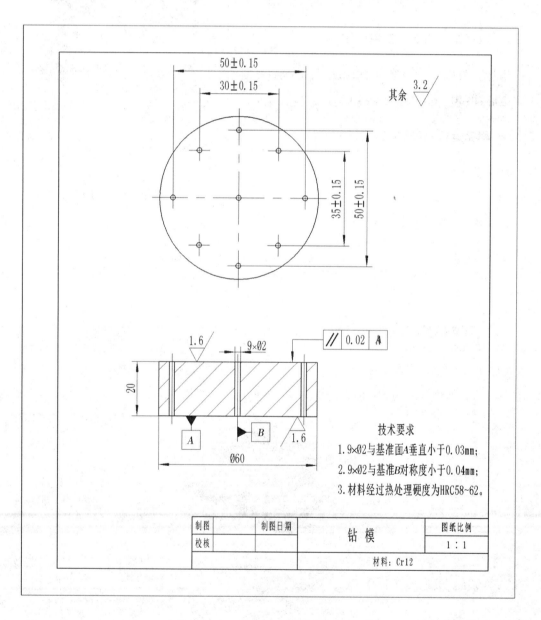

技术要求

1. 9×∅2与基准面A垂直小于0.03mm；
2. 9×∅2与基准B对称度小于0.04mm；
3. 材料经过热处理硬度为HRC58~62。

制图		制图日期		钻 模	图纸比例
校核					1 : 1
					材料: Cr12

图 1 - 4 - 1 任务图样

此零件是一块钻孔用的钻模,毛坯为 Cr12 精棒料,材料已经热处理,上下平面已经磨削加工,工件厚度为 20 mm,要求用火花穿孔机加工 9 个 $\phi2$ mm 孔,相关精度要求如图 1 - 4 - 1 所示。

二、评分标准(见表 1 - 4 - 1)

表 1 - 4 - 1　评分标准

序号	考核内容	配分	评分标准	自测	教师测	扣分	总得分
1	机床各功能键使用	20	功能键回答错误 1 个扣 2 分				
2	工件装夹与校正操作	14	装夹校正错误 1 项扣 5 分				
3	启动机床加工 9 个 $\phi2$ mm 孔	36	孔距偏差 1 个扣 4 分				
4	安全文明生产	10	酌情扣分				
5	工作态度	10	认真情况扣分				
6	6S 现场管理	10	酌情扣分				

任务目标

一、知识目标

1. 掌握电火花高速穿孔加工原理、特点及用途。

2. 掌握苏三光 DS703 电火花高速穿孔机床面板功能操作方法。

3. 掌握电火花高速穿孔机床小孔加工基本技能的操作。

二、技能目标

1. 能对电火花高速穿孔机床的组成部分进行系统的了解,知道电火花高速穿孔机加工原理。

2. 能初步利用机床各开关和面板功能键操作设备。

3. 能加工简单零件的小孔操作。

任务准备

一、电火花高速穿孔机床

电火花高速穿孔机床是指用电火花加工原理,加工尺寸小于 5mm 的孔的电火花加工机床,用于加工中小型冲模。其加工特点是不受金属材料硬度的限制,可先将模板淬火后用本机加工所需要的孔型,以保证质量和提高使用寿命。工具电极材料采用钢、铸铁、铜均可。

1. 电火花高速穿孔加工原理(见图 1 - 4 - 2)

利用连续上下垂直运动的细金属铜管作电极,在绝缘介质中对工件进行脉冲火花放电蚀除金属而实现穿孔(电极是空心铜管,介质从铜管孔中间的细孔穿过,起冷却和排屑作用)。

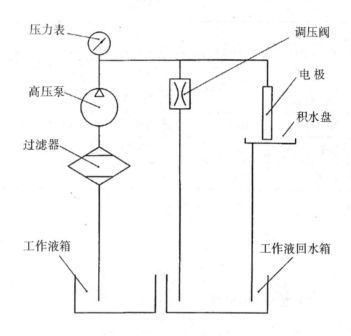

图 1 - 4 - 2 电火花高速穿孔加工原理

2. 加工特点

(1) 由于电极采用钻夹头作为安装方式,故可安装电极管径的范围很大,可从 $\phi 0.08$ mm 至 $\phi 3.0$ mm。

(2)操作简单,仅需要输入所需要的组码,就可以完成加工参数设定。

(3)加工参数修改容易(加工中可以任意修改)。

(4)加工速度快,以微电脑控制 OSC 振荡输出,加工速度快,可完成高精密加工。

(5)加工普通及超硬钢材,硬质合金、铜、铝及任何可导电性物质的细孔。

(6)可在各种不规则形状、球面、曲面的金属零件上加工孔。

(7)可选择高速或低损耗加工方式。

(8)孔直径公差可控制在 0.01 ~ 0.10 mm 范围内。

(9)定位精度可以控制在 ± 0.025 mm 范围内。

3.常用的中心孔铜管

铜管直径规格有：$\phi0.15mm$，$\phi0.2mm$，$\phi0.3mm$，$\phi0.4mm$，$\phi0.5mm$，$\phi0.7mm$，$\phi0.8mm$，$\phi1.0mm$，$\phi1.3mm$，$\phi1.4mm$，$\phi1.5mm$，$\phi1.8mm$，$\phi2.0mm$，$\phi2.2mm$，$\phi2.3mm$，$\phi2.5mm$，$\phi2.8mm$，$\phi3.0mm$。

4.电火花高速穿孔机床的基本结构(见图 1 - 4 - 3)

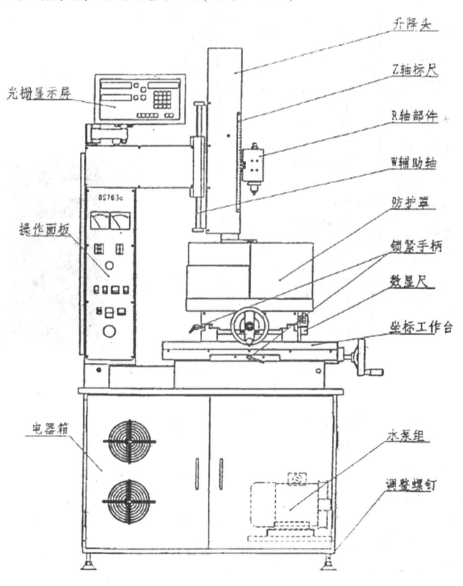

图 1 - 4 - 3　电火花高速穿孔机床的基本结构

第一部分　机床基础操作

5.主轴头结构(见图1-4-4)

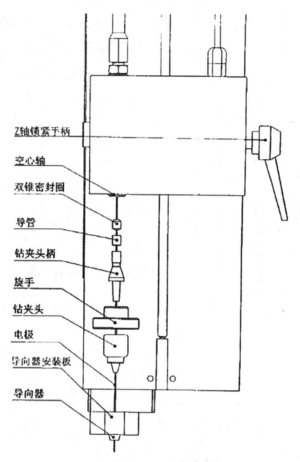

Z轴锁紧手柄
空心轴
双锥密封圈
导管
钻夹头柄
旋手
钻夹头
电极
导向器安装板
导向器

图1-4-4 主轴头结构

6.操作面板

(1)电压表,显示加工间隙电压。

(2)电流表,显示加工电流。

(3)脉冲参数选择开关有0~9共10组,根据电极直径、电极和工件对加工的要求及工件的孔深,可选择不同的挡位。

(4)加工电流选择开关。共4组,通过选择不同的挡位可选择不同的加工电流。

(5)电压调节开关。无极调节,可以根据加工要求及加工状态调节该钮,顺时针调整放电,放电电压降低,一般放电电压以20~25 V为宜。

(6)水泵开关。向下扳,开泵,向上扳,关泵。

(7)加工开关。向下扳,开脉冲电源,向上扳,关脉冲电源。

(8) R 轴旋转开关。向下扳,电极开始旋转,向上扳,电极停止旋转。

(9)主轴开关。向下扳,主轴处于锁定状态,只能调整手动上下开关,主轴位置可以任意上下变动。

（10）对刀开关。加工时向下扳，蜂鸣器起作用，当电极与工件短路时蜂鸣器发出响声。

（11）快速开关向下扳，主轴快速下降。

（12）急停按钮。开机时顺时针松开该钮，使整机控制部分通电，当出现突发现象或关机时，按下改钮，则可切断控制电源，停机。

（13）穿透开关。向下扳，在加工状态下，电极穿过工件，主轴下降停止。

（14）急停开关。在紧急情况下，按一下该开关，电箱的电源就断开，紧急情况解除后要恢复，只要向顺时针方向旋一下就可以了。

7. 高速火花穿孔机加工操作流程

（1）操作前必须先熟悉机床的各部分结构、水箱和油箱的清洁及过滤器的更换方法。

（2）机床润滑油的加注量和加注时间，工作箱的清理，保养表的填写和灭火器的使用方法和场合。

（3）操作机床要熟悉机床的操作面板和各个按键所表示的功能。熟悉操作规程（特别要注意油作介质时的注意事项）。

（4）看随工单，以便了解所有由本工序加工的内容。

（5）仔细看图纸，明确所加工孔的特点及要求。

（6）装夹零件校表、碰数、调参数等。

（7）一切准备就绪之后才可开机加工。

任务实施

1. 选择机床

加工本任务工件，选用的机床为苏三光 DS730P 高速火花穿孔机。

2. 毛坯准备

工件经淬火热处理，硬度已经达到 HRC68～62，用有颜色的油性笔把工件上表面涂色，根据零件实际尺寸，用高度划线尺划出如图 1 - 4 - 5 所示的中心线。

图 1 - 4 - 5　中心线

3. 工件安装

把工件固定在工作台上,一定要牢固,采用磁力座把工件吸附在工作台上,如图 1-4-6 所示。

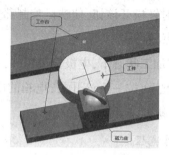

图 1-4-6 把工件吸附在工作台上

4. 装夹工件和电极

取一根 φ2mm 电极丝,配用相应的密封圈,按图 1-4-7 所示进行电极丝装夹。

5. 对刀

手搬动主轴手轮,把电极降下,并停止在距离工件上表面 2 mm 左右的高度,摇动 X 轴和 Y 轴工作台手柄,观察电极中心对合工件划线中心,检测数显电子尺 X 轴和 Y 轴坐标值清零,完成对刀坐标原点的确定,如图 1-4-8 所示。

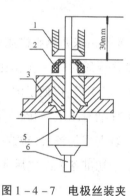

图 1-4-7 电极丝装夹

1—主轴;2—密封圈;3—螺母;

4—夹头柄;5—夹头;6—电极丝

图 1-4-8 对刀

6. 加工电参数设定(见表 1-4-2)

根据加工工件的材质和电极直径,选择合理的电源规准加工电流。

表 1-4-2　加工电参数设定

材料 孔径 /mm	参数	脉宽 (μs)	间隔	电流 (A)	工作液压力 ( )	加工电压 ( )	加工电流 (A)
0.3	45#	2	1	2	5~6	25	3
0.3	淬火钢	2	1	2	5~6	25	3
0.3	不锈钢	2	2	2	5~6	25	3
0.5	45#	3	2	3	6	25	5
0.5	淬火钢	3	2	3	6	25	5
0.5	不锈钢	3	2	2	6	25	4
1.0	45#	3	2	5	6	20	12
1.0	淬火钢	3	2	6	6	20	12
1.0	不锈钢	3	2	4	6	20	10
2.0	45#	4~6	2	6	6	20	18
2.0	淬火钢	4~6	2	6	6	20	18
2.0	不锈钢	5	2	6	6	20	16
3.0	45#	5~8	2	8	6	20	25
3.0	淬火钢	5~8	2	8	6	20	25
3.0	不锈钢	7	2	7	6	20	23

7. 启动机床,加工工件

电极下降,并停止在距离工件上表面 2 mm 处,锁定 Z 轴手柄。按下水泵、加工、旋转、主轴、电压和穿透开关,当电极碰到工件时发出电火花,加工开始。旋动伺服调节使电压表指示 30 V 左右,观察加工状态是否稳定。一般情况下,脉宽、间隔和电流设置适当,伺服调节合适,加工是稳定的。

孔穿后,会在工件下面孔口处看见火花和喷水。欲使孔的出口较好,则加工时间要适当延长,如图 1-4-9 所示。

第二部分　机床基础操作

图 1-4-9 加工工件

加工完第 1 个孔后，关闭水泵，结束加工，电极会自动抬刀，抬到距离工件上表面 2 mm 处时，关闭主轴，摇动 X 轴和 Y 轴行程手轮，使电极依次移到孔 2、孔 3、孔 4、孔 5、孔 6、孔 7、孔 8 和孔 9 的坐标位置，并完成孔的加工，如图 1-4-10 所示。

8. 工件检测

加工完毕，取下零件，确认不再加工后，关闭电源开关，断开空气开关，切断总电源，清洗工作台面，擦拭机床。

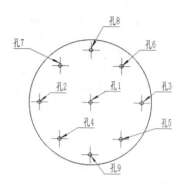

图 1-4-10 孔的加工

用 0~150 mm 带表游标卡尺测量 9 个孔的位置，看是否符合要求。若不符合要求，找出原因进行纠正。如图 1-4-11 所示为完成加工的工件。

图 1-4-11 完成加工的零件

表，给学生做操作示范。

9. 小结

此任务重点讲述了电火花高速穿孔机的加工原理和零件加工工艺过程，初步让学生对电火花高速穿孔机床的操作产生学习兴趣，提高学生对模具制造专业基本加工能力的认识。

工作完后，应切断电源、清扫切屑、擦净机床，夹具和附件等应擦拭干净并放回原处，在导轨面上加注润滑油，各部件应调整到正常位置，打扫现场卫生，填写设备使用记录

第二部分　模具实例加工操作

工作任务

一、任务图样(见图2-1-1)

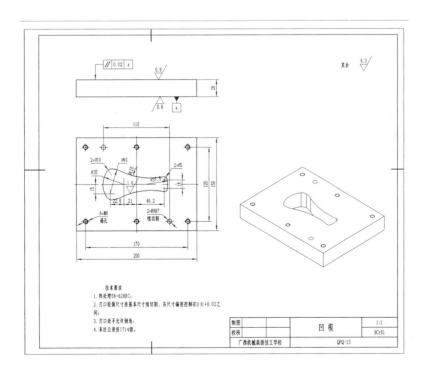

技术要求
1. 热处理58-62HRC;
2. 刃口轮廓尺寸按基本尺寸线切割,各尺寸偏差控制在0至+0.02之间;
3. 刃口处不允许倒角;
4. 未注公差按IT14级。

制图		凹模	1:1
校核			9CrSi
广西机械高级技工学校			QPQ-13

图2-1-1　任务图样

147

图2-1-1是启瓶器冲裁模具的落料凹模,材料为9CrSi,工件厚度为28 mm,经过热处理硬度为58~62HRC,线切割加工2×φ8H7销钉孔和凹模刃口型孔,制造公差在0.02 mm以内,切割精度较高,表面粗糙度为1.6μm。

二、评分标准(见表2-1-1)

表2-1-1 评分标准

序号	考核内容	组	配分	评分标准	自测	教师测	扣分	总得分
1	凹模刃口型孔制造公差在0.02 mm以内	1	40	每组超差扣40分				
2	2×φ8H7	2	2×10	每组超差扣10分				
3	切割面粗糙度 Ra1.6 μm	3	3×10	每组超差扣10分				
4	工件完整		5	酌情扣分				
5	安全文明操作		5	酌情扣分				
6								

任务目标

一、知识目标

1. 能够根据图形特点,正确选择引入线位置和切割方向。

2. 根据材料种类和厚度,正确设置脉冲参数。

3. 根据程序的引入位置和切割方向,正确装夹工件、穿丝和定位电极丝。

4. 操作机床,进行零件的加工。

二、技能目标

1. 能根据工件材料、厚度、加工精度、表面质量和配合间隙要求等选择合理的机床加工电参数。

2. 能根据图样绘制图样及编程加工轨迹。

3. 能操作机床,完成启瓶器凹模板的编程加工。

一、工件装夹与找正

数控高速走丝电火花线切割加工一般是采用压板与螺钉来固定工件,对工件的夹紧力不需太大,但要求均匀。选用夹具时应尽可能选择通用或标准件,且应便于装夹,便于协调工件和机床的尺寸关系。零件装夹后,需要用百分表或千分表找正,使工件的基准面与机床的 X 或 Y 轴平行。

1. 悬臂式支撑

工件直接装夹在台面上或桥式夹具的一个刃口上,如图 2 - 1 - 2(a)所示。悬臂式支撑通用性强,装夹方便,但容易出现上仰或倾斜。采用此装夹方法,要拉表找正工件上表面。

2. 垂直刃口支撑

工件装在其有垂直刃口的夹具上,如图 2 - 1 - 2(b)所示。利用此种方法装夹后工件也能悬伸出一角便于加工装夹,精度和稳定性较悬伸式为好,也便于拉表找正,装夹时注意夹紧点应对准刃口。

(a)悬臂式　　　　　　(b)垂直刃口支撑

图 2 - 1 - 2　工件装夹

3. 桥式支撑方式

此种装夹方式是高速走丝电火花线切割加工最常用的装夹方法,适用于装夹各类工件,特别是方形工件,装夹后稳定,如图 2 - 1 - 3(a)所示。只要工件上、下表面平行,装夹力均匀,工件表面即能保证与台面平行。桥的侧面也可做定位面使用,拉表找正桥的侧面与工作台 X 方向平行,工件如果有较好的定位侧面,与桥的侧面靠紧即可保证工件与 X 方向平行。

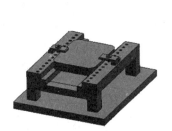 

(a)桥式支撑方式　　　　　　(b)磁性表座夹持

图 2 - 1 - 3　桥式支撑方式与磁性表座夹持

4. 磁性表座夹持

磁性夹具采用磁性工作台或磁性表座夹持工件,主要适应于夹持钢质工件,因它靠磁力吸住工件,故不需压板和螺钉,操作快速方便,定位后不会因压紧而变动,如图 2 - 1 - 3(b)所示。

二、电极丝的定位

线切割加工时,要将电极丝调整到切割的起始位置上,即穿丝点为程序原点。一般常用的电极丝定位方法有目测法、火花法、自动找中心法和靠边定位法。最常用机床的自动靠边或自动找中心功能来确定基准面和基准孔。

1. 目测法

对于加工要求较低的工件,在确定电极丝与工件基准间的相对位置时,可以直接利用目测或借助 2~8 倍的放大镜来进行观察。图 2 - 1 - 4 所示是利用穿丝处划出的十字基准线,分别沿划线方向观察电极丝与基准线的相对位置,根据两者的偏离情况移动工作台,当电极丝中心分别与纵横方向基准线重合时,工作台纵、横方向上的读数就确定了电极丝中心的位置。

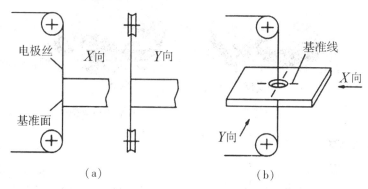

图 2 - 1 - 4　用目测法定位电极丝

2. 火花法

移动工作台使工件的基准面逐渐靠近电极丝,在出现火花的瞬时,记下工作台的相应坐标值,再根据放电间隙推算电极丝中心的坐标(见图 2 - 1 - 5)。此法简单易行,但往往因电极丝靠近基准面时产生的放电间隙与正常切割条件下的放电间隙不完全相同而产生误差。

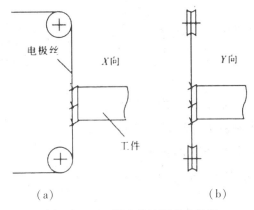

（a）　　　　　　　　　　　（b）

图 2 – 1 – 5　用火花法定位电极丝

3. 自动找中心法

所谓自动找中心，就是让线切割电极丝在工件孔的中心自动定位。此法是根据线电极与工件的短路信号，来确定电极丝的中心位置。数控功能较强的线切割机床常用这种方法。如图 2 – 1 – 6 所示，首先让线电极在 X 轴方向移动至与孔壁接触，则此时当前点 X 坐标为 X_1，接着线电极往反方向移动与孔壁接触，此时当前点 X 坐标为 X_2，然后系统自动计算 X 方向中点坐标 $X_0[X_0 = (X_1 + X_2)/2]$，并使线电极到达 X 方向中点 X_0；接着在 Y 轴方向进行上述过程，线电极到达 Y 方向中点坐标 $Y_0[Y_0 = (Y_1 + Y_2)/2]$。这样经过几次重复就可找到孔的中心位置。当精度达到所要求的允许值之后，就确定了孔的中心。

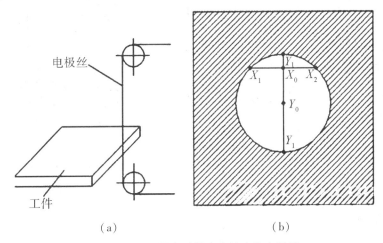

（a）　　　　　　　　　　　（b）

图 2 – 1 – 6　用自动找中心法定位电极丝

三、工件的校正

1. 拉表法

拉表法是利用磁力表架,将百分表固定在丝架或其他固定位置上,百分表头与工件基面接触,往复移动工作台,按百分表指示的数值调整工件(见图2-1-7)。校正应在3个方向上进行。

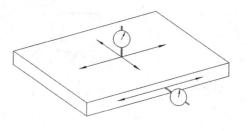

图2-1-7　用拉表法校正工件

2. 划线法

工件待切割图形与定位基准相互位置要求不高时,可采用划线法。固定在丝架上的一个带有顶丝的零件将划针固定,划针尖指向工件图形的基准线或基准面,移动纵(或横)向床鞍,目测调整工件进行找正(见图2-1-8)。该方法也可以在粗糙度较差的基面校正时使用。

3. 靠边定位法(见图2-1-9)

计算方法为:电极丝中心位置=工件外形尺寸/2+电极丝的半径+单边放电间隙。

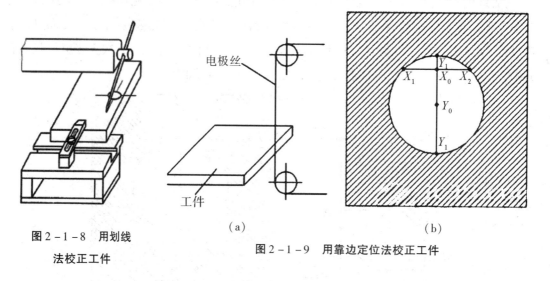

图2-1-8　用划线
法校正工件

电极丝

工件

(a)

(b)

图2-1-9　用靠边定位法校正工件

📢任务实施

1. 实训设备工具及量具

CTW320TA 数控电火花线切割机床 1 台,特种加工专用油 1 桶,φ0.18 mm 钼丝 1 盘,活动扳手 1 把,压板和螺钉 2 套,十字/一字螺丝刀 1 把,百分表与百分表座 1 套,直角尺 1 把,0~150 mm 游标卡尺 1 把。

2. 选择机床

加工本任务工件,选用的机床为北京迪蒙卡特 CTW320TA 数控电火花快速走丝线切割机床。

3. 毛坯准备

工件毛坯经前面几道工序(锯削、铣削、磨削、钳工和热处理)而来,最后由磨床磨削上下平面,表面粗糙度为 $Ra0.8\ \mu\text{m}$,平行度与平面度都在 0.02 mm 以内,保证周边尺寸 250 mm × 150 mm × 28 mm,基准边 A 和 B 的垂直度在 0.10 mm 以内,保证 $2 \times \phi6$ mm 和 $\phi8$ mm 穿丝孔内无氧化皮和杂物。图 2 - 1 - 10 所示为毛坯形状及相关尺寸。

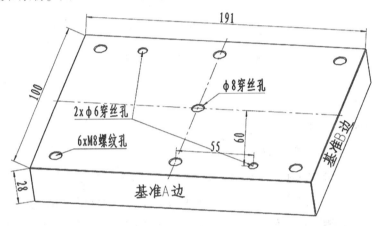

图 2 - 1 - 10　毛坯形状及相关尺寸

4. 数控线切割加工工艺过程的规定(见表 2 - 1 - 2)

为了保证外形的尺寸精度,采用一次装夹方式完成加工。

表 2 - 1 - 2　数控线切割加工工艺过程的规定

序号	工序名称	工序主要内容
1	零件毛坯确定	根据零件图,机械加工和钳好 28 mm × 150 mm × 200 mm 的毛坯
2	线切割编程	绘凹模刃口和 $2 \times \phi8H7$ 图样,并编加工轨迹、输入刀具补偿和生产加工代码
3	工件装夹、校正	工件装夹后,校正毛坯件基准边与机床工作台 X 或 Y 轴平行
4	采用靠边定位	采用靠边定位方法,确定起割位置
5	电参数输入	输入脉宽、脉间、加工电流、工件厚度
5	切割零件	调出零件程序,检查无误后模拟仿真,跳步加工 $2 \times \phi8H7$ 和凹模刃口
6	零件检测	用千分尺检测相应尺寸,塞尺检测单边间隙

5. 编线切割加工程序

根据毛坯外形尺寸及穿丝孔位置,用 TCAD 自动编程软件绘制加工图样,编加工轨迹(在这里省略)。加工轨迹仿真如图 2-1-11 所示。

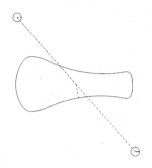

图 2-1-11 加工轨迹仿真

6. 钼丝半径补偿输入

根据配合要求,计算钼丝半径补偿值:

$2 \times \phi 8H7$ 孔 $r = 0.18/2 + 0.01 - 0.005 = 0.095$ mm

凹模刃口 $r = 0.18/2 + 0.01 = 0.10$ mm

半径补偿输入操作:选取【线切割】下拉菜单中的【转出参数】菜单,在显示的对话框中的【程式路径补偿】内输入补偿值。图 2-1-12 所示为【程式路径补偿】对话框。

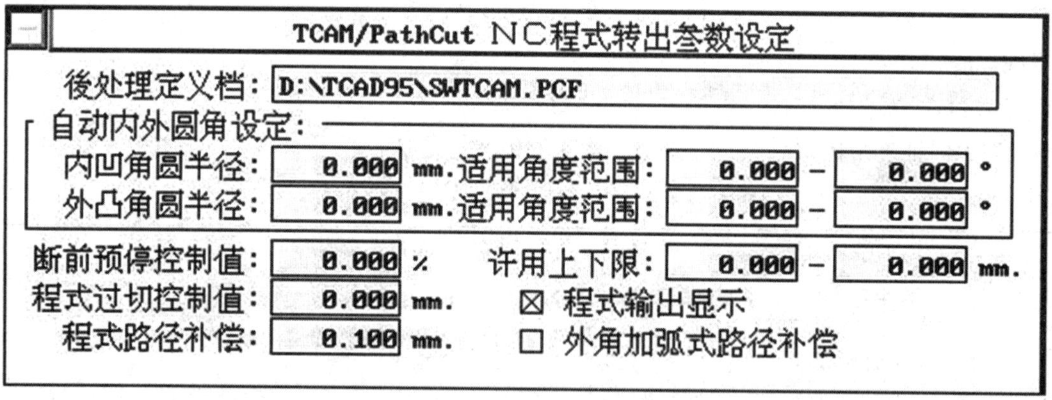

TCAM/PathCut NC程式转出参数设定		
後处理定义档: D:\TCAD95\SWTCAM.PCF		
自动内外圆角设定:		
内凹角圆半径: 0.000 mm.适用角度范围: 0.000 - 0.000 °		
外凸角圆半径: 0.000 mm.适用角度范围: 0.000 - 0.000 °		
断前预停控制值: 0.000 % 许用上下限: 0.000 - 0.000 mm.		
程式过切控制值: 0.000 mm. ☒ 程式输出显示		
程式路径补偿: 0.100 mm. □ 外角加弧式路径补偿		

注意:程式路径补偿值的输入,必须是编完加工轨迹后,在选取【程式产生】前输入。

图 2-1-12 【程式路径补偿】对话框

7. 加工 3B 代码程序

3B 代码程序如图 2-1-13 所示。

N 1: B	1900 B	0 B	1900 GX	L1 ;	N14: B	12422 B	58802 B	23114 GX	NR3 ;
N 2: B	1900 B	0 B	7600 GY	NR1 ;	N15: B	427 B	2362 B	1922 GY	SR2 ;
N 3: B	1900 B	0 B	1900 GX	L3 ;	N16: B	18213 B	4014 B	8028 GY	SR1 ;
N 4: A					N17: B	2344 B	516 B	2771 GX	SR4 ;
N 5: B	55000 B	60000 B	60000 GY	L2 ;	N18: B	10692 B	59141 B	36099 GX	NR1 ;
N 6: A					N19: B	8413 B	18034 B	6717 GX	SR4 ;
N 7: B	1900 B	0 B	1900 GX	L1 ;	N20: B	418 B	4882 B	1999 GY	SR4 ;
N 8: B	1900 B	0 B	7600 GY	NR1 ;	N21: B	13977 B	10364 B	20728 GY	SR3 ;
N 9: B	1900 B	0 B	1900 GX	L3 ;	N22: B	3936 B	2919 B	4354 GX	SR2 ;
N10: A					N23: B	1696 B	19828 B	6717 GX	SR1 ;
N11: B	27500 B	30000 B	30000 GY	L4 ;	N24: B	25407 B	54466 B	12985 GX	NR3 ;
N12: A					N25: B	422 B	6195 B	6195 GY	L4 ;
N13: B	422 B	6198 B	6198 GY	L2 ;	N26: DD				

图 2-1-13 3B 代码程序加工

8. 装夹工件,校正

工件毛坯为 28 mm×150 mm×200 mm 的长方体,模具的螺纹孔和穿丝孔已经加工好,相关位置尺寸与下一道装配工序位置精度有关联,应采用两端支撑式,把工件两端都固定在工作台上,用这种方法装夹支撑稳定、平面定位精度高、工件底面与切割面垂直度好。

(1)装夹

毛坯装夹时,夹持部分图参照图 2-1-14。

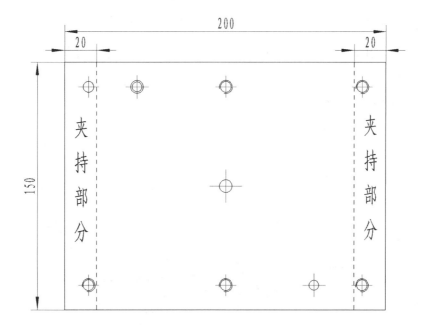

图 2-1-14 夹持部分图

（2）校正

采用拉表法校正，操作步骤如下。

毛坯两端架在工作台上，分别用压板和螺钉预压紧。

毛坯基准边校正：①将百分表座吸在上丝架上，调节连杆使百分表测量头垂直于毛坯基准边 A，用手动模式点动机床 X 轴或 Y 轴移动，当百分表测量头碰到被测面后，吃表深度控制在 0.30 至 0.50 mm 左右；②用手动模式点动机床 X 轴移动，当百分表指针摆动有偏差时，用铜棒轻微敲击基准边的对边（百分表读数大的一边），当 200 mm 全长跳动在 0.01 mm 内时，夹紧毛坯，校正结束，如图 2-1-15 所示。

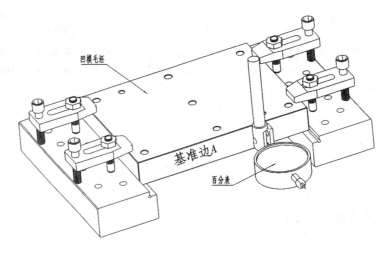

图 2-1-15　校正

9. 确定加工位置

把钼丝穿进丝孔 1，并上好丝，用游标卡尺测量钼丝与毛坯基准 A 边和 B 边的尺寸，利用手动模式点动机床 X 轴或 Y 轴移动，使钼丝到基准 A 边和 B 边尺寸分别为 15 mm 和 45 mm。图 2-1-16 所示为穿丝孔相关位置尺寸。

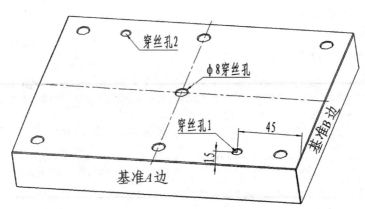

图 2-1-16　确定加工位置

10.加工电参数设定

根据加工工件的材质 9CrSi 和工件厚度 28 mm,选择合理的高频电源规准,加工电流为 2 A,脉冲宽度为 35 μs,脉冲间隔为 250μs,进给调到 4:30 位置。

11.加工工件

操作步骤如下:

(1)在机床加工界面上,按【F7】键模拟仿真加工路线,没有问题后,按 Esc 键退出;手控盒上按启动丝筒旋转和开启工作液,调节进给旋钮到4:30 刻度,按【F8】键机床开始加工 ϕ8 mm 销钉孔 1。

(2)完成切割 ϕ8 mm 销钉孔 1,拆钼丝,根据电脑提示按【Enter】键,机床自动快速移到 ϕ8 mm 销钉孔 2 的穿丝孔位置,启动机床按【Enter】键,继续加工 ϕ8 mm 销钉孔 2。

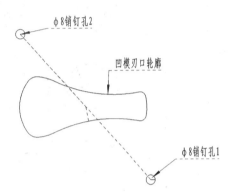

(3)完成切割 ϕ8 mm 销钉孔 2,拆钼丝,根据电脑提示按【Enter】键,机床自动快速移到凹模刃口的穿丝孔位置,启动机床按[Enter]键,继续完成凹模刃口轮廓加工。

图 2 - 1 - 17 所示为加工过程图。

图 2 - 1 - 17 加工过程图

12.零件检测

加工完毕,取下零件,然后用 0 ~ 150 mm 游标卡尺检测 2×ϕ8 mm 销钉孔和凹模刃口的相关尺寸。图 2 - 1 - 18 所示为工件与废料图。

(a)工件 　　　　　　　　　(b)废料
图 2 - 1 - 18 工件与废料图

13.小结

本任务重点讲述了启瓶器凹模线切割加工操作技能,在切割启瓶器凹模的过程中,刀具半径补偿参数计算与输入、零件加工轨迹编制、跳步加工,以及利用拉表方法粗校正毛坯基准边,培养学生思考、分析、计算、动手等方面的综合能力和技能。

工作完后,应切断电源、清扫切屑、擦净机床,夹具和附件等应擦拭干净并放回原处,在导轨面上加注润滑油,各部件应调整到正常位置,打扫现场卫生,填写设备使用记录表。

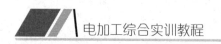

1.2 任务二 带锥度落料孔的凹模线切割加工

◆工作任务

一、任务图样(见图2-1-19)

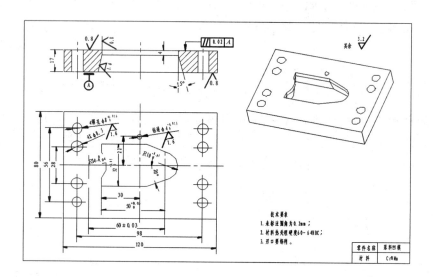

图2-1-19 任务图样

二、零件的结构及工艺分析

此零件为典型的型孔板类零件,根据零件结构、材料及使用性能要求,确定毛坯为锻件,此外形尺寸为120 mm×80 mm×17 mm,成型部分为不规则型孔,由线段和凸、凹圆弧组成,其下端有15°锥度落料孔,另有安装及定位孔 $\phi4.4$ mm、$\phi8.4$ mm、$\phi8.5$ mm,均为通孔。

零件材料为CrWMn,经热处理硬度为60~64 HRC。

该零件成型部分有较高的加工精度要求:

(1)成型部分的尺寸精度及定位孔的尺寸精度要求较高。

(2)上下表面的平行度要求为0.02 mm。

(3)表面粗糙度:成型部分为 $Ra0.8$ μm,重要定位部位为 $Ra1.6$μm,其他部位为 $Ra3.2$μm。

三、评分标准(见表 2 - 1 - 3)

表 2 - 1 - 3　评分标准

序号	考核内容	组	配分	评分标准	自测	教师测	扣分	总得分
1	凹模刃口型孔制造公差在 0.02 mm 以内	1	40	每组超差扣 40 分				
2	15°锥度落料孔	1	20	每组超差扣 20 分				
3	切割面粗糙度 Ra1.6 μm	3	3 × 10	每组超差扣 10 分				
4	工件完整		5	酌情扣分				
5	安全文明操作		5	酌情扣分				

任务目标

一、知识目标

1. 掌握带锥度型孔零件的编程加工方法。

2. 掌握工件安装与校正方法,锥度加工的主要工艺流程。

二、技能目标

1. 能根据工件材料、厚度、加工精度和表面质量等选择合理的机床加工电参数。

2. 能根据工件锥度型孔的要求,正确编制加工程序。

3. 能完成带锥度落料孔的凹模编程加工。

任务实施

1. 实训设备工具及量具

CTW320TA 数控电火花线切割机床 1 台,特种加工专用油 1 桶,φ0.18 mm 钼丝 1 盘,活动扳手 1 把,压板和螺钉 2 套,十字/一字螺丝刀 1 把,百分表与百分表座 1 套,直角尺 1 把,0 ~ 150 mm 游标卡尺 1 把,0 ~ 300 mm 游标高度划线尺 1 把。

2. 选择机床

加工本任务工件,选用的机床为北京迪蒙卡特 CTW320TA 数控电火花快速走丝线切割机床。

3. 拟订工艺方案

下料—锻造—退火—铣(刨)六面—平磨—划线—钳工(钻各孔及钻线切割穿丝孔)—淬火—回火—平磨—数控线切割—钳工研磨。

4. 工艺过程的规定(见表2-1-4)

表2-1-4　工艺过程的规定

序号	工序名称	工序主要内容
1	下料	锯床下料 φ56 mm×105 mm
2	锻造	锻六方 125 mm×85 mm×20 mm
3	热处理	退火≤230HBS
4	平磨	磨六面、对90°
5	钳	倒角、去毛刺、划线、做各孔
6	钳	钻线切割穿丝孔
7	热处理	淬火、回火 60~64HRC
8	平磨	磨上、下面及基准面、对90°
9	线切割	找正、切割型孔留研磨量 0.01~0.02 mm
10	钳	研磨型孔

其中本节主要讲述数控线切割机床上一次装夹加工出凹模型孔和15°锥度落料孔部分。

5. 数控线切割零件毛坯确定

毛坯经锻造—退火—铣(刨)六面—平磨—划线—钳工(钻各孔及钻线切割穿丝孔)—淬火—回火—平磨后,毛坯精加工后形状如图2-1-20所示。其中穿丝孔为 φ8.0 mm 的位置,距离长 120 mm 方向的中心为 20 mm,位于宽 80 mm 方向的中心。

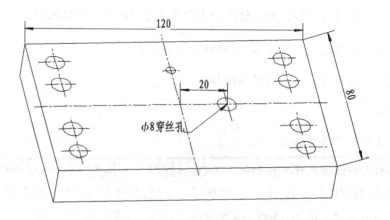

图2-1-20　数控线切割零件毛坯的确定

6. 数控线切割加工工艺过程的规定

根据凹模部分有较高的加工精度要求,规定数控线切割加工工艺过程如下。

(1)先切割出凹模型孔部分。

(2)再切割15°锥度落料孔部分。

7. 凹模型孔部分尺寸确定

根据零件结构、材料及使用性能要求,凹模型孔部分尺寸的确定如图2-1-21所示。

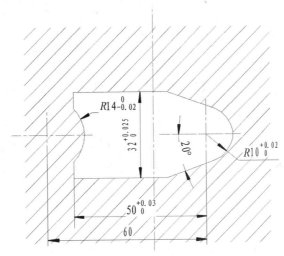

图2-1-21　凹模型孔部分尺寸的确定

8. 15°锥度落料孔部分尺寸确定

由于线切割加工锥度时,所编加工程序是锥度小端尺寸程序图像与锥度大端尺寸程序图像的合成,才生成锥度加工程序,则15°锥度落料孔部分小端尺寸程序图像与大端尺寸程序图像的尺寸如图2-1-22所示。

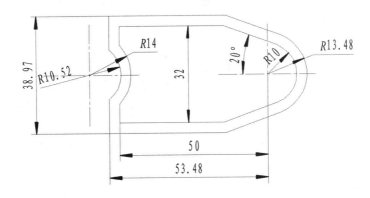

图2-1-22　15°锥度落料孔部分尺寸图

9. 编加工程序

根据数控线切割加工工艺过程,先编凹模型孔刃口部分的加工程序,切割完成凹模型孔刃口部分后,再编15°锥度落料孔部分的加工程序,切割15°锥度落料孔部分,编程用电脑绘好图,完成加工设置后自动生成加工程序,并仿真绘制加工路线图,如图2-1-23所示。

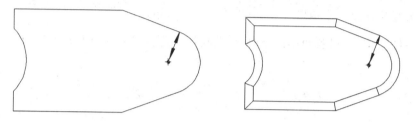

图2-1-23　编加工程序

10. 上丝,校垂直

装上电极丝,并校正其垂直度。一般是校正电极丝与工作台水平面的垂直度。这样装夹工件时,保证工件基准面与工作台水平面平行即可。当然也可以直接校正电极丝与工件基准面的垂直度。

11. 装夹工件,找正

工件毛坯为70 mm×60 mm×35 mm的方形,毛坯零件外形为正四边形,在毛坯四个角的余量较大,为防止毛坯工件加工过程变形,毛坯工件的四个边角用压板压紧,毛坯工件在机床工作台中心处。毛坯工件用百分表校正Y轴方向,如图2-1-24所示。

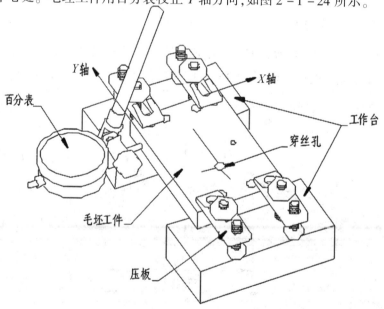

图2-1-24　装夹工件,找正

12. 加工凹模型孔

1）加工电参数设定

根据加工工件的材质和高度,选择合理的高频电源规准,加工电流为1.8 A,脉冲宽度为16 μs,脉冲间隔为45 μs。

2）找中,加工凹模型孔

毛坯工件校正后,将电极丝穿进穿丝孔。先在机床加工界面上,调出凹模型孔加工程序,模拟仿真加工路线,没有问题后,将钼丝穿进预钻的φ8 mm穿丝孔内,使钼丝悬空,大概在穿丝孔的中心,用机床自动找中功能再自动找到φ8 mm穿丝孔的中心,然后,启动机床加工,如图2-1-25所示。

13. 加工完毕,停机,检测

加工完毕,机床会自动停机,提示已经加工完毕,机床工作台不准运动,小心拆下电极丝,取下废料,凹模零件不拆下,然后用内径千分尺和样板来检测凹模刃口的各尺寸和形状,看是否符合要求。若不符合要求,找出原因进行纠正。图2-1-26所示为凹模与废料图。

图2-1-25 找中,加工凹模型孔

（a）凹模

（b）废料

图2-1-26 凹模与废料图

14. 15°锥度落料孔加工

（1）锥度加工时机床参数设定

进入机床锥度加工界面,调出15°锥度落料孔加工文件,用高度游标卡尺测量和计算如图2-1-27所示的机床参数,输入两导轮中心距离 H mm,下导轮中心到工件底面的距离 B mm,工件厚度为17mm,导轮半径为 R mm。

（2）加工电参数设定

根据加工工件的材质和高度,选择合理的高频电源规准,加工电流为2 A,脉冲宽度为25 μs,脉冲间隔为160 μs。

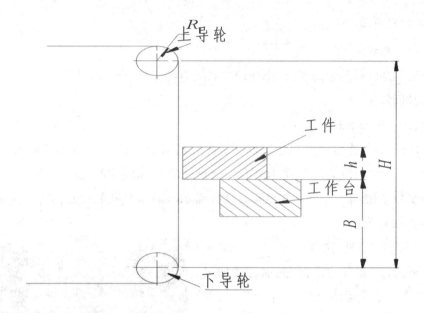

图 2 - 1 - 27　机床参数

3）加工完毕，停机，检测

加工完毕，机床会自动停机，提示已经加工完毕，小心拆下电极丝，取下零件，然后用万能游标量角器检测零件15°锥度，看是否符合要求。若不符合要求，找出原因进行纠正，以备加工下一个零件。图2－1－28所示为15°锥度落料孔工件与废料图。

（a）工件　　　　　　　　　　　　　　（b）废料

图2－1－28　15°锥度落料孔工件与废料

15. 小结

本任务重点讲述了带锥度落料凹模线切割加工操作技能，在切割凹模过程中，锥度参数计算与输入，锥度程序编程，锥度落料型孔加工步骤，以及利用拉表方法粗校正毛坯基准边，培养学生思考、分析、计算、动手等方面的综合能力和技能。

工作完后，应切断电源、清扫切屑、擦净机床，夹具和附件等应擦拭干净并放回原处，在导轨面上加注润滑油，各部件应调整到正常位置，打扫现场卫生，填写设备使用记录表。

工作任务

一、任务图样

要加工的零件如图 2 - 1 - 29 所示。

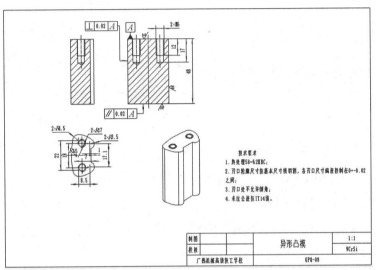

技术要求
1. 热处理58~62HRC;
2. 刃口轮廓尺寸按基本尺寸线切割,各刃口尺寸偏差控制在0~0.02之间;
3. 刃口处不允许倒角;
4. 未注公差按IT14级。

例图		异形凸模	1:1
校核			9CrSi
广西机械高级技工学校			QPQ-08

图 2 - 1 - 29　零件图

二、评分标准(见表 2 - 1 - 5)

表 2 - 1 - 5　评分标准

序号	工件	考核内容	组	配分	评分标准	自测	教师测	扣分	总得分
1		侧刃垂直度 ⊥ 0.02 A	4	20	每超 0.01 扣 5 分,扣完为止				
2		刃口轮廓尺寸	6	36	6 处尺寸,每处超差 0.02 扣完 6 分				
3		切割面粗糙度 $Ra1.6\mu m$	4	24	每组超差扣 6 分				
4		工件完整		10	酌情扣分				
5		安全文明操作		10	酌情扣分				
6									

任务目标

一、知识目标

1. 懂得对零件进行工艺分析。

2. 掌握综合加工的流程。

二、技能目标

1. 能对工件进行工艺分析。

2. 能对不同厚度的工件选择电加工参数。

任务实施

一、工艺分析

工艺分析是对现场的宏观分析,把整个生产系统作为分析对象。

目的:改善整个生产过程中不合理的工艺内容、工艺方法、工艺程序和作业现场的空间配置。通过严格的考察与分析,设计出最经济合理、最优化的工艺方法、工艺程序、空间配置。

手段:工艺程序图、流程程序图。

分析的内容主要有如下几方面。图纸方面:考虑零件的最大尺寸、形状、尺寸精度、形位公差精度、材质、热处理要求、表面处理要求等等,实际上就是要考虑图纸的所有要求。确定工艺方案:考虑用什么样的工艺技术来制造,确定工艺流程。选择机床,设计或选择刀具,设计或选择夹具,设计或选择量具,确定切削用量,确定走刀路线。最后,按以上要求编制数控程序。

二、图纸分析

要切割的轨迹如图 2-1-30 所示。

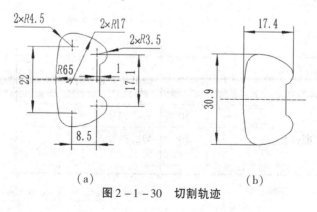

（a）   （b）

图 2-1-30　切割轨迹

经过对零件图的分析,我们可以知道,该工件的材料为 9CrSi。所切割轨迹截面的最大长度约为 31 mm,最大宽度约为 17.5 mm。工件有垂直度和平行度的误差要求,切割面与基准面的垂直度控制在 0.02 mm 以内,上表面与基准面的平行度控制在 0.02 mm 以内。尺寸精度未标注的按 IT14 级加工。工件要求经过热处理,硬度达到 58HRC。刃口轮廓尺寸按基本尺寸线切割,各刃口尺寸偏差控制在 0 ~ -0.02 mm 之间,刃口处不允许倒角。切割面的表面粗造度为 Ra0.8 μm。

三、毛胚的确定

为了装夹与切割方便,本工件的切割采用的是有废料的切割方式,故毛坯的尺寸要比工件的尺寸大,坯料的尺寸为 50 mm × 30 mm × 48 mm。切割之前坯料要进行热处理使硬度达到 58HRC。热处理后要进行磨削有平行度要求的两个面,使平行度控制在 0.02 mm 的公差允许范围内。毛坯形状图见图 2 - 1 - 31。

图 2 - 1 - 31　毛坯形状图

四、拟订工艺路线

下料—锻造—退火—铣(刨)六面—平磨—划线—钳工(钻各孔及钻线切割穿丝孔)—淬火—回火—平磨—数控线切割—钳工研磨。

本任务主要是针对已经平磨好进行线切割的工序,工艺路线具体如表 2 - 1 - 6 所示。

表 2 - 1 - 6　工艺路线

序号	工序名称	工序主要内容
1	零件毛坯确定	根据零件图,用铣床铣、磨床加工出尺寸为 50 mm × 30 mm × 48 mm 的坯料,并保证平行度
2	线切割编程	导入加工图纸并做处理编制加工程序
3	工件装夹、校正	工件装夹紧后,对钼丝进行校正,并校正工件
4	切割零件	调出零件加工程序,检查无误后模拟仿真,启动加工
5	零件检测	用千分尺、万能角度尺测量相应尺寸和角度

五、设备与工量具的选择

加工本任务工件,选用的机床为苏三光 HA500 中速走丝线切割机床、特种加工专用油、ϕ0.18 mm 钼丝、扳手、压板、螺钉、十字/一字螺丝刀、百分表及表座、刀口直角尺、带表游标卡尺。

六、确定走刀方式与路径

经分析零件图我们可以知道,该零件的表面粗糙度值要求较高,要达到 Ra0.8 μm,故我们采用的是多次切割的切割方式,次数为 4 次,一次切割三次修表面。因多次修割要预留 2 mm 的残留宽度,为了后期修磨该残留宽度,工件的切入位置应该为直线的平面。故切入位置及走刀路径如图 2 - 1 - 32 所示。

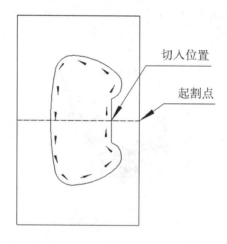

图 2 - 1 - 32 切入位置及走刀路径

七、电加工参数的选择

本加工采用的是一割三修的切割方式,切割的残留高度为 0.2 mm,残留宽度为 1 mm。电加工工艺参数如图 2 - 1 - 33 所示。

图 2 - 1 - 33

第一次切割:丝速为 4;电流为 2;脉宽为 26;间隔比为 9;速度为 8;偏移量为 136。

第二次切割:丝速为 2;电流为 3;脉宽为 6;间隔比为 9;速度为 7;偏移量为 103。

第三次切割:丝速为 2;电流为 3;脉宽为 4;间隔比为 4;速度为 7;偏移量为 85。

第四次切割:丝速为 2;电流为 3;脉宽为 2;间隔比为 3;速度为 7;偏移量为 80。

八、工件的装夹与校正

工件为 50 mm×30 mm×48mm 的方块料,通过压板的形式固定工件。其装夹图如图 2 -1-34 所示。装夹后先预紧,之后用百分表校正 X 方向,X 方向的偏差通过百分表校正使其控制在 0.02 mm 范围内。

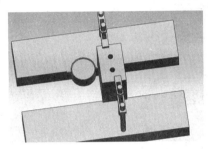

图 2-1-34　工件装夹图

九、软件编程

1. 绘图

进入系统点击 ▤ (编程),点选 📂 (打开文件)导入目标

路径下的 DXF 格式的图形,得到图 2-1-35 所示的图形。

2. 生成加工轨迹

在屏幕上方的菜单栏选择轨迹——轨迹生成,这时

图 2-1-3　图形

候会弹出一个轨迹参数的图框,设定该图的轨迹参数如下。

第二部分　模具实例加工操作

(1) 切入方式

(2) 锥度方式

(3) 编程方式

(4) 残留方式

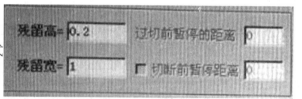

(5) 工艺数据

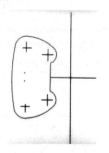

轨迹参数设定完成后，此时在屏幕的左下角系统提示"拾取轮廓"。鼠标左键单击选中第一条线段，然后点击箭头选择链拾取方向，系统此时会出现新箭头，再选择偏移方向，然后点取穿丝点位置后右击即可生成一个加工轨迹。得到轨迹线图形如图2 -1-36(紫色部分)所示。

3. 生成代码

图2-1-36 轨迹线图形

生成轨迹线后,点击生成代码 **ISO** ,在屏幕左下角系统提示"拾取轨迹线",点选轨迹线,之后右击鼠标确认生成代码。所生成的图形(青色部分)如图2-1-37所示。

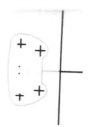

图 2 - 1 - 37　生成的图形

(MATERIAL:SKD - 11 THICKNESS:60 mm WIRE:0.18mm FLUSH:DIC206 MODE:凸 CUTNUM:四次切割)

	(丝速	电流	脉宽	间隔比	分组宽	分组比	速度)
E001 =	004	002	026	009	000	000	008
E002 =	002	003	006	009	000	000	007
E003 =	002	003	004	004	000	000	007
E004 =	002	003	002	003	000	000	007

H001 = 136 H002 = 103 H003 = 85 H004 = 80

; Number : 1

G92X - 24916Y - 280

G91

E001

G01X - 7830Y0

H001

E001

M98 P0001

M00

H002

E002

M98 P0002

H003

E003

M98 P0001

H004

E004

M98 P0002

M00

H001

E001

M98 P0003

H002

E002

M98 P0004

H003

E003

171

M98 P0003

H004

E004

M98 P0004

G01X7830Y0

M02

N0001

G01X－200Y0

G42

G01X0Y5231

G03X1343Y5918I－970J3332

G03X－10626Y4307I－11313J－12649

G03X－4577Y－3654I－181J－4466

G03X0Y－23603I63889J－11802

G03X4577Y－3654I4396J812

G03X10626Y4307I－688J16956

G03X－1343Y5918I－2313J2586

G01X0Y4231

G50

G40

G01X200Y0

M99

N0002

G01X－200Y0

G41

G01X0Y－4231

G02X1343Y－5918I－970J－3332

G02X－10626Y－4307I－11313J12649

G02X－4577Y3654I－181J4466

G02X0Y23603I63889J11802

G02X4577Y3654I4396J－812

G02X10626Y－4307I－688J－16956

G02X－1343Y－5918I－2313J－2586

G01X0Y－5231

G50

G40

G01X200Y0

M99

N0003

G01X－200Y0

G41

G01X0Y－1000

G50

G40

G01X200Y0

M99

N0004

G01X－200Y0

G42

G01X0Y1000

G50

G40

G01X200Y0

M99

十、加工工件

先在机床加工界面上,模拟仿真加工路线,通过模拟加工来观察加工

路线是否合理。模拟加工没有问题之后再进行加工。

十一、零件检测

加工完毕,取下零件,用带表游标卡尺检查工件是否符合尺寸要求。若不符合要求,找出原因进行纠正,以备加工下一个零件。图 2 – 1 – 38 所示为废料与工件图。

(a)废料　　　　　(b)工件

图 2 – 1 – 38　废料与工件图

十二、小结

该任务主要讲述了模具的综合切割,考查了操作者的综合加工操作能力,并针对工件做出合理正确的分析判断。

工作完后,应切断电源、清扫切屑、擦净机床,夹具和附件等应擦拭干净并放回原处,在导轨面上加注润滑油,各部件应调整到正常位置,打扫现场卫生,填写设备使用记录。

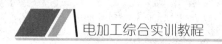

////////// **1.4任务四 不锈钢夹子凹模多次加工** //////////

工作任务

一、任务图样

要加工的零件如图 2 – 1 – 39 所示。

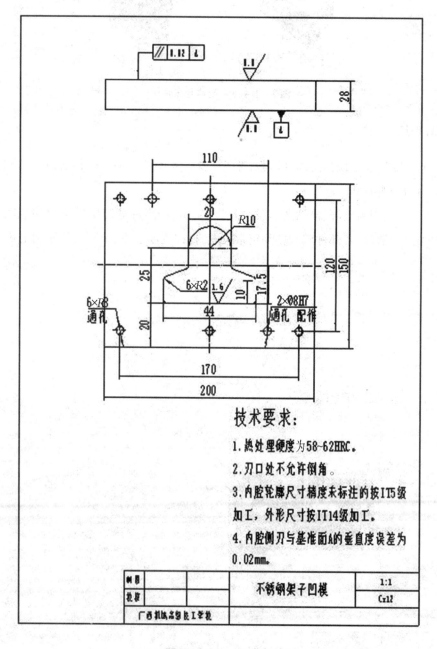

技术要求:

1. 热处理硬度为58~62HRC。

2. 刃口处不允许倒角。

3. 内腔轮廓尺寸精度未标注的按IT5级 加工,外形尺寸按IT14级加工。

4. 内腔侧刃与基准面A的垂直度误差为 0.02mm。

设计			不锈钢架子凹模	1:1
校核				Cr12
广西机械高级技工学校				

图 2 – 1 – 39 零件图

二、评分标准(见表 2 – 1 – 7)

表 2 – 1 – 7 评分标准

序号	工件	考核内容	组	配分	评分标准	自测	教师测	扣分	总得分
1		侧刃垂直度误差 0.02 mm	8	32	每超 0.01 扣 5 分,扣完为止				
2		刃口轮廓尺寸	7	28	6 处尺寸,每处超差 0.02 扣完 6 分				
3		切割面粗糙度 Ra1.6 μm	8	24	每组超差扣 3 分				
4		工件完整		6	酌情扣分				
5		安全文明操作		10	酌情扣分				

◆任务目标

一、知识目标

1. 能分析多次加工工艺。

2. 掌握凹模的加工流程。

二、技能目标

1. 能正确地选择多次加工工艺参数。

2. 能熟练地加工凹模零件。

◆任务实施

1. 工艺分析

要切割的轨迹如图 2 – 1 – 40 所示。

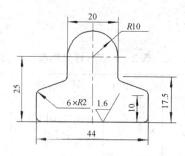

图 2 - 1 - 40　要切割的轨迹

经过对零件图的分析,我们可以知道,该工件的材料为 Cr12。所切割轨迹截面的最大长度约为 44 mm,最大宽度约为 35 mm。工件有平行度的误差要求,上表面与基准面的平行度控制在 0.02mm 以内,并且表面粗造度值为 $Ra0.8~\mu m$。内腔轮廓尺寸精度未标注的按 IT5 级加工,外形尺寸按 IT14 级加工。内腔侧刃与基准面 A 的垂直度误差为 0.02 mm。工件要求经过热处理,硬度为 58 ~ 62HRC,刃口处不允许倒角。

2. 毛胚的确定

本工序切割的是凹模,在板料上切割出所要的形状,故毛坯的选择可以直接使用加工好了的板料(见图 2 - 1 - 41),其尺寸为 28 mm × 200 mm × 150 mm。切割之前坯料要进行热处理使硬度为 58 ~ 62HRC。热处理回来后要进行磨削有平行度要求的两个面,使平行度控制在 0.02 mm 的公差允许范围内。

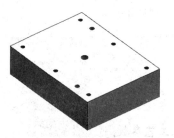

图 2 - 1 - 41　毛坯形状图

3. 拟订工艺路线

下料—锻造—退火—铣(刨)六面—平磨—划线—钳工(钻各孔及钻线切割穿丝孔)—淬火—回火—平磨—数控线切割—钳工研磨。

本任务主要是针对已经平磨好进行线切割的工序,工艺路线具体如表 2 - 1 - 8 所示。

表 2 - 1 - 8　工艺路线

序号	工序名称	工序主要内容
1	零件毛坯确定	根据零件图,用铣床铣、磨床加工出尺寸为 28 mm × 200 mm × 150 mm 的坯料,并保证平行度
2	线切割编程	导入加工图纸并做处理,编制加工程序
3	工件装夹、校正	工件装夹紧后,校正工件
4	切割零件	调出零件加工程序,检查无误后模拟操作,启动加工
5	零件检测	用带表游标卡尺测量相应尺寸和角度

4.设备与工量具的选择

加工本任务工件,选用的机床为苏三光 HA500 中速走丝线切割机床、特种加工专用油、φ0.18 mm 钼丝、扳手、压板、螺钉、十字/一字螺丝刀、百分表及表座、刀口直角尺、带表游标卡尺。

5.确定走刀方式与路径

经分析零件图我们可以知道,该零件为模具凹模结构,对入口的表面粗造度值要求较高,故我们采用的是一次切割三次修表面的切割方式。因多次修割要留有 1 mm 的残留宽度,为了后期修磨该残留宽度,工件的切入位置应该为直线的平面。故切入位置及走刀路径如图 2 - 1 - 42 所示。

6.电加工参数的选择

本加工采用的是一割三修的切割方式,切割的残留高度为 0.2 mm,残留宽度为 1 mm。

电加工工艺参数如图 2 - 1 - 43 所示。

第一次切割:丝速为 4;电流为 1;脉宽为 28;间隔比为 5;速度为 9;偏移量为 149。

第二次切割:丝速为 1;电流为 2;脉宽为 8;间隔比为 3;速度为 7;偏移量为 109。

第三次切割:丝速为 1;电流为 3;脉宽为 3;间隔比为 3;速度为 7;偏移量为 88。

第四次切割:丝速为 1;电流为 4;脉宽为 1;间隔比为 2;速度为 7;偏移量为 83。

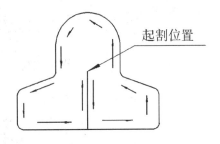

起割位置

图 2 - 1 - 42　切入位置及走刀路径

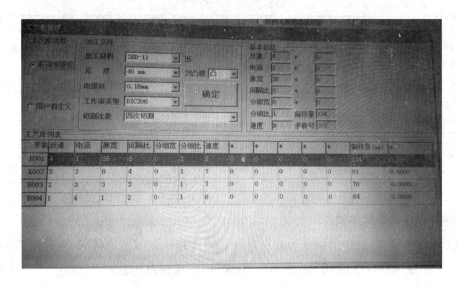

图 2 - 1 - 43 电加工参数

7. 工件的装夹与校正

工件为 28 mm×200 mm×150 mm 的方块料,通过压板的形式固定工件。其装夹图如图 2 - 1 - 44 所示。装夹后先预紧,之后用百分表校正 X 方向,X 方向的偏差通过百分表校正使其控制在 0.02 mm 范围内。

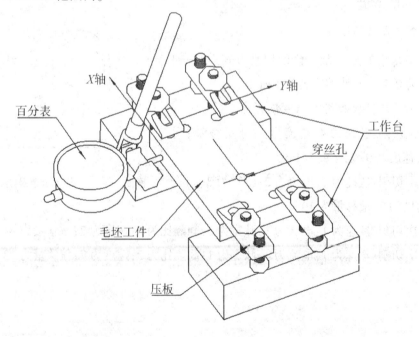

图 2 - 1 - 44 装夹图

8. 软件编程

(1)绘图

进入系统点击 [编程] (编程),点选 [📁] (打开文件)导入目标路径下的 DXF 格式的

图形,得到图 2 – 1 – 45 所示的图形。

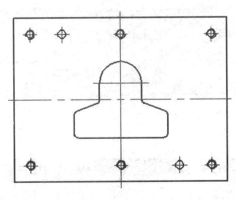

图 2 – 1 – 45　绘图

(2)生成加工轨迹

在屏幕上方的菜单栏选择轨迹 ——轨迹生成,这时候会弹出一个轨迹参数

的图框,设定该图的轨迹参数如下。

①切入方式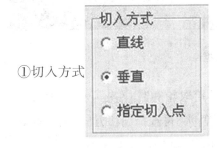

②锥度方式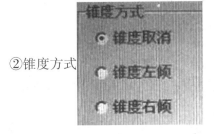

第二部分　模具实例加工操作

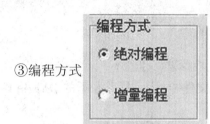

③编程方式

④残留方式

⑤工艺数据库,如图 2-1-46 所示。

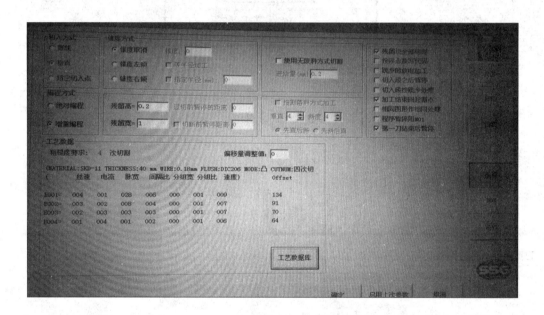

图 2-1-46　工艺数据库

　　轨迹参数设定完成后,在屏幕的左下角系统提示"拾取轮廓"。左键单击选中第一条线段,然后点击箭头选择链拾取方向,系统此时会出现新箭头,再选择偏移方向,然后点取穿丝点位置后右击即可生成一个加工轨迹。得到轨迹线图形如图 2-1-47 所示。

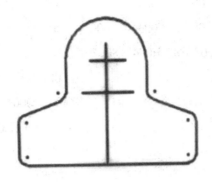

图 2 - 1 - 47　轨迹线图形

(3)生成代码

生成轨迹线后,点击生成代码 **ISO**,在屏幕左下角系统提示"拾取轨迹线",点选轨迹线,之后右击鼠标确认生成代码。所生成的代码及图形如图 2 - 1 - 48 所示。

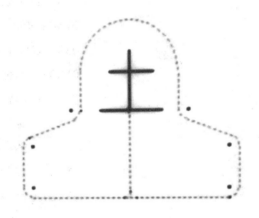

图 2 - 1 - 48　生成的代码及图形

(MATERIAL:SKD - 11 THICKNESS:60 mm WIRE:0.18mm FLUSH:DIC206 MODE:凸 CUTNUM:四次切割)

	(丝速	电流	脉宽	间隔比	分组宽	分组比	速度)
E001 =	004	002	026	009	000	000	008
E002 =	002	003	006	009	000	000	007

E003 = 002 003 004 004 000 000 007

E004 = 002 003 002 003 000 000 007

H001 = 136 H002 = 103 H003 = 85 H004 = 80

; Number : 1

G92X142424Y4048

G91

E001

G01X0Y – 17300

H001

E001

M98 P0001

M00

H002

E002

M98 P0002

H003

E003

M98 P0001

H004

E004

M98 P0002

M00

H001

E001

M98 P0003

H002

E002

M98 P0004

H003

E003

M98 P0003

H004

E004

M98 P0004

G01X0Y17300

M02

N0001

G01X0Y – 200

G41

G01X20000Y0

G03X2000Y2000I0J2000

G01X0Y8372

G03X – 1316Y1879I – 2000J0

G01X – 9368Y3410

G02X – 1316Y1879I684J1879

G01X0Y7460

G03X – 20000Y0I – 10000J0

G01X0Y – 7460

G02X – 1316Y – 1879I – 2000J0

G01X – 9368Y – 3410

G03X – 1316Y – 1879I684J – 1879

G01X0Y – 8372

G03X2000Y – 2000I2000J0

G01X19000Y0

G50

G40

G01X0Y200

M99

N0002

G01X0Y – 200

G42

G01X – 19000Y0

G02X-2000Y2000I0J2000

G01X0Y8372

G02X1316Y1879I2000J0

G01X9368Y3410

G03X1316Y1879I-684J1879

G01X0Y7460

G02X20000Y0I10000J0

G01X0Y-7460

G03X1316Y-1879I2000J0

G01X9368Y-3410

G02X1316Y-1879I-684J-1879

G01X0Y-8372

G02X-2000Y-2000I-2000J0

G01X-20000Y0

G50

G40

G01X0Y200

M99

N0003

G01X0Y-200

G42

G01X-1000Y0

G50

G40

G01X0Y200

M99

N0004

G01X0Y-200

G41

G01X1000Y0

G50

G40

G01X0Y200

M99

9.加工工件

先在机床加工界面上,模拟仿真加工路线,通过模拟加工来观察加工

路线是否合理。模拟加工没有问题之后再进行加工。

10.零件检测

加工完毕,取下零件,用带表游标卡尺检查工件是否符合尺寸要求。若不符合要求,找出原因进行纠正,以备加工下一个零件。图 2-1-49 所示为工件与废料图。

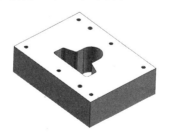

(a)工件　　　　　　　　　　(b)废料

图 2-1-49　工件与废料图

11. 小结

该任务主要讲述了模具凹模的综合切割,考查了操作者的综合加工操作能力,并针对工件做出合理正确的分析判断。

工作完后,应切断电源、清扫切屑、擦净机床,夹具和附件等应擦拭干净并放回工具柜,在导轨面上加注润滑油,各部件应调整到正常位置,打扫现场卫生,填写设备使用记录表。

第三部分　常见故障及排除

/////// 1.1 任务— 线切割加工出现断丝 ///////

1. 引言

高速走丝电火花线切割加工中正常断丝、夹丝和非正常断丝、夹丝现象是普遍存在的一个问题,是从事高速走丝电火花线切割加工的工程技术员经常探讨的一个问题。本文就高速走丝电火花切割加工中断丝故障发生的原因做了分析和研究,对降低和预防断丝故障的发生和提高加工表面质量具有一定参考价值。

2. 问题的提出与对策

(1)导轮和导电块的磨损

导轮是高速走丝电火花线切割机的关键零件,直接关系到电火花线切割的质量。在实际切割中常会出现电流表指针来回摆动、加工表面不平、面上下处有纹路倾斜和增粗现象。根据经验判断是导轮 V 形槽和轴承磨损,造成了丝抖动,影响切割表面质量。这就要求导轮 V 形槽面应有较高精度,V 形槽底部的圆弧半径应小于选用的电极半径,以保证电极丝在导轮槽内运动时不产生滑动。但是,由于导轮与电极丝长时间的电腐蚀造成了导轮 V 形槽的沟槽加深,使钼丝在切割中发生抖动,造成加工面质量的降低,严重时还将丝卡在其间,造成断丝。为了避免这种现象发生在切割加工中应经常清除堆积在 V 形槽沟槽内的电蚀物,并经常检查导轮 V 形槽是否磨损,以便及时更换导轮,确保加工过程的稳定进行。另外,在装导轮前必须清洗轴承,使导轮旋转灵活、平稳,尽量减小导轮的轴向窜动和径向跳减缓导轮和轴承的磨损,保证导轮 V 形槽有较的精度。一般导轮径向跳动和轴向跳动均应小于 0.005 mm,槽底圆角 R 值应控制在小于 0.05 mm,可降低断丝故障的发生,确保加工面的质量。另外,在高速走丝电火花线切割加工中,若出现断丝,说明导电块接触不良,或钼丝与线架打火的可能性最大。为了确保稳定的放电加工,在实际切割加工中,不允许在钼丝和导电块间出现火花放电,以使脉冲能量能全部送往工件与电极丝之间。但是,由于导电块使用时间长了,会磨损出较深的沟痕,这就会影响正常的放电,使工件加工质量降低,严重时造成夹丝。为此,在线切割加工过程中要经常将导电块旋转一个角度,改变其与丝接触的位置,并且导电块位置的调整要合适,以保证加工的稳定性。电极丝在丝筒上的排列也要整齐,避免出现叠丝或夹丝现象。平时要经常清洗导电块,观察导电块销、螺母是否锁紧,在更换导电块或变换导电块位置后,必须重新校正电极丝的垂直度,以保证加工工件的精度和表面质量。根据加工经验,当导电块加工超过50 h后,需对导电块位置进行调整(旋转一个角度),方能减缓导电块磨损速度。

(2)工件材料本身的缺陷

有些被加工工件在切割前进行了平面磨削,工件带有磁性,加上切割时工件内部应力增大,会引起工件的局部变形,造成在切割加工中钼丝很容易被卡断,影响加工质量。为了预防出现这种情况,在切割前应对加工工件进行必要的退磁处理,方能降低断丝现象的发生。对含有杂质的工件加工,尤其在切割铸铁工件时,由于毛坯铸造质量较差,材料内部含有砂眼,加上电参数选取不适当,极容易造成断丝,此时应适当降低电参数,或增大工作液流量,方可完成铸铁工件的切割加工。

(3)工件表面有毛刺和凸凹点

有些工件虽然在切割前进行了热处理,但由于表面处理不当存在残存物,这些氧化残存物不导电,凸凹不平,会导致断丝、烧丝或使工件表面出现深痕,严重时会使电极丝偏离加工轨迹,造成工件报废。还有的零件表面有毛刺,上下面与周边垂直度不好,尤其是在电参数选取不当时,钼丝在接触工件的一瞬间,极易断丝。为此,在加工经过热处理后的制件或切割加工表面较粗糙的工件时,首先在切割前应将这些残存物和氧化物清理干净,用油石将其锉平,选取适当的电参数,以减少断丝现象的发生,从而提高生产效率。

(4)薄板料的重叠

在实际切割中,为降低装夹时间,提高生产率,往往对板厚小于 4 mm 的薄板采用重叠装夹方式来加工。例如,加工 3 mm 厚的冷轧钢板,每10 个 1 组装夹切割,电参数为:工作电流为 1.5 A,脉间/脉宽比为 5∶1,工作电压为 90 V,在此参数下切割的制件虽然能满足加工工艺的要求,但若装夹不当,或钢板表面有凸凹不平点,仍会导致加工中出现丝被卡死现象,造成废品,或使加工面痕迹加粗。为此,薄板料选用重叠装夹加工方式时,加工前一定要将每块板料表面进行修平处理,将多层板料压实,以避免切割中由于板料受丝的拉力而出现错位,将丝卡住造成断丝。对个别表面有凸凹点的板料必须进行单个加工,以保证加工质量。

(5)钼丝张紧力大小的影响

在高速走丝电火花线切割加工中,为防止因为钼丝张紧力大小调整不当引起断丝的主要措施有:

①在进给速度和电蚀速度协调正常的情况下,加工中突然断丝,这主要是在换向时活动排丝轮跳动剧烈,造成钼丝松动而引起的断丝,此时应重新将钼丝绷紧即可。

②在切割中若突然不切割了,或加工中丝速突然减慢,甚至丝筒在换向时丝速突增,此时应立即停机,可用手触摸钼丝是否松动,检查钼丝的张力大小是否合适,并进行调整。由于电极丝具有延伸性,所以,在切割较厚工件时,丝的跨距将增大,振动幅度也随之增大,加上丝在加工过程中受放电压力的作用而弯曲变形,结果使电极丝切割轨迹落后并偏离工件轮廓,即出现加工滞后现象,尤其在切割较厚工件或圆柱体工件时,由于丝松的缘故,将造成形位误差增大,圆柱体制件出现腰鼓形状。严重时,电极丝在快速运转中很容易跳出导轮槽或限位槽,而被卡断或拉断。加工较厚工件(80 mm 以上),在刚开始切入时,很容易发生断丝,所以,这时丝的缠绕力应松些。为此,在电极丝工作一段时间后,操作人员要根据加工面的质量情况对丝张力做调整。当然也可采用恒力装置在一定程度上改变丝的张力,力求使电极丝的张力波动趋于最小,为了不降低高速走丝电火花线切割的加工工艺指标,张紧力的大小应根据电极丝材料性能和直径的不同,在电极丝抗拉强度允许的范围内尽可能大一些,从而达到较好的切割质量。

当更换一盘新钼丝时,由于新丝外表面包裹一层薄膜氧化层,待其工作 2.4 h 后,应紧丝 1 次,以改善因丝外薄膜氧化层在切割中脱离和由钼丝张力的改变而导致丝延伸性引起的丝变松现象。但是在加工很薄的工件时,若丝张力过紧将造成抖动,对加工精度和加工表面粗糙度均不利,所以,这时为了避免由丝振引起的断丝,此时丝的张力不宜过紧。在高速走丝电火花线切割加工中,电极张力的大小(也就是丝的松紧程度)将直接影响工件表面质量和加工的稳定性。所以,控制好丝的松紧程度,也就是控制好了丝的张力大小,从而避免了因电极丝在卷筒上缠绕松紧不均、正反运动张力不均所带来的丝松现象,从而从根本上降低松紧不均引起的夹丝、断丝故障的发生。所以,不仅在切前一定要调整好丝的张力,而且在更换新丝,待其工作一段时间后,也要再对电极丝的张紧力进行调节,力求使电极丝的张力波动趋于最小。

(6)电极丝使用时间过长

长时间的切割使钼丝遭受磨损而变细,丝圆周表面凸凹不平,抗拉强度降低,切缝变窄,电产物排除条件变差,加工面粗糙度变差,加工不稳定,容易造成断丝。所以,在加工工艺条件允许的情况下,尽量采用较大直径的钼丝,提高钼丝的抗拉度,以承受较大的电流,采用较大的电规准进行加工,从而增加输出脉冲能量,提高生产效率。较大直径的钼丝在切割时切缝也宽,放电产物排除条件较好,加工过程也稳定。根据实际加工经验,当电极旧丝直径比新丝直径减小 0.03~0.05 mm 时,就应更换钼丝,以避免断丝故障的发生,减少非切割时间。

(7)工作台进给速度的调整

工作台进给速度忽快忽慢也是造成加工过程不稳定的一个重要因素,它使加工工件表面出现不同程度的条纹痕迹,上下断面呈现烧伤现象,而且还容易断丝。为此,当加工工件表面呈现焦褐色,切割厚度较低时,表明工作台进给速度大于工件蚀出速度,此时应对变频进行调整,减慢进给速度,将旋钮适当调小;而当加工表面有深痕,电极丝上出现白斑迹,进给速度忽慢忽快时,说明工作台进给速度小于工件蚀出速度,此时也容易造成断丝,所以,应加快工作台进给速度,将旋钮适当调大,方能保证加工的稳定进行。

(8)电参数的合理选取

高速走丝电火花线切割加工中,电参数的选取相当重要,它们直接影响加工工件的表面质量,在切割中它们又是相互制约的,所以在选取参数值时,必须根据加工工件的工艺要求、加工精度、粗糙度的大小以及工件厚度来选取,以获得较满意的加工效果。例如,加工厚度小于 30 mm 的工件时,加工电参数值脉间与脉宽比一般在 3∶1 至 4∶1 之间,加工质量较高,但是,如果比值取在 5∶1 的范围内,则将明显降低切割速度,影响连续进给,破坏加工的稳定性,降低其切割质量。

另外,工件在切割加工前的热处理过程中,应避免过热、渗碳和脱碳,以防止裂纹和变形,造成工件报废。加工凸、凹模时,工件材料尽量使用热处理淬透性好、变形小的合金钢,如 Cr12MoV 钢等,以免工件变形引起夹丝、断丝。

(9)工作液浓度和液流量的影响

高速走丝电火花线切割在实际加工中的工作液浓度的配置也相当重要,太浓或太淡均会引起断丝。为此,工作液的浓度应根据加工件材料性能、加工工艺要求以及加工精度和加工工件的厚度来配置。一般水液浓度比均在 1∶10 至 1∶20 范围内。当然,对切割速度要求高或大厚度工件切割时,浓度可适当小些,这样加工比较稳定,且不易断丝。但工作液浓度也不能太低,否则将使工作液绝缘性能降低,电阻率减小,冷却能力增强,从而降低对工件的洗涤润滑作用。工作液流量的大小也应适当控制,一般在切割将完毕时,因工件被切割段在工作液液力作用下产生下垂,切割部位脱落,丝极易被夹断,此时应适当降低冲液流量或减小冲液压力,并适当降低个别加工参数,以避免断丝故障的发生。

(10)电极丝材料的性能和质量影响

在高速走丝电火花线切割加工过程中,通常应选择导电性能好的钼丝作为电极丝材料,因为导电性愈好,单位长度的电阻就愈小,否则,消耗在电极丝电阻上的能量就愈多,使加工电源输送到放电间隙的能量减少,消耗在电极丝上的能量使电极丝发热,造成断丝。电极丝除具有良好的导电性外,还应具备较好的韧性,使其在频繁的急热急冷变化中,丝质不易变脆而断丝。另外,电极丝的直线度和均匀性在放电加工中也是十分重要的,切割中的电极丝不应出现弯折、打结现象。目前,从市场上购买的质量不好的钼丝,由于在制造过程中质量不过关,局部段的丝表面凸凹不平,加上操作不当或储丝筒有轴向窜动,容易造成储丝筒在绕丝时出现叠丝、打结现象,这样在切割加工中极易发生断丝现象,尤其是在切割较厚工件时断丝频率较高,所以,在绕丝过程中,一定要避免露丝、打结现象发生。从市场上购买回来的钼丝,一定要确保质量,以保证切割加工的正常进行。

(11)正确使用操作面板和妥善保管电极丝

切换功能键时,绝不能在加工过程中切换,以防开关接触不良造成短路或由其他因素引起钼丝烧伤。购置回来的电极丝应避免在阳光下与空气长久接触而被氧化,从而影响制件的加工质量。

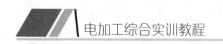

///1.2 任务二 排除电火花线切割机床常见故障的方法///

一、线切割断丝的原因及排除方法（见表3-1-1）

表3-1-1 线切割断丝的原因及排除方法

储丝现象	原因	排除方法
储丝筒空转时断丝	1.钼丝排列时叠丝； 2.储丝筒转动不灵活； 3.电极丝卡在导电块槽中	1.检查钼丝是否在导轮槽中,检查排丝机构的丝杠螺母是否间隙过大； 2.检查储丝筒夹缝中是否进入异物； 3.更换或调整导电块位置
刚开始切割时即断丝	1.加工电流过大,进给不稳定； 2.工件表面有毛刺,有不导电氧化皮或锐边	2.检查走丝系统部分,如导轮、轴承、储丝筒是否有异常跳动、振动； 3.清除氧化皮、毛刺
有规律断丝,多在一边或两边换向时断丝	储丝筒换向时,未能及时切断高频电源,使钼丝烧断	调整换向断高频挡块位置,塑还吞效,则需检测电路部分。要保证先关高频再换向
切割过程中突然断丝	1.选择电参数不当,电流过大； 2.进给调节不当,忽快忽慢,开路短 3.工作液使用不当,乳化液太稀,使用时间长,太脏； 4.管道堵塞,工作液流量大减； 5.导电块未能与钼丝接触或已被钼丝拉出凹痕,造成接触不良； 6.切割厚件时,脉冲间隔过小或使用不适合切厚件的工作液； 7.工作中负波较大,使钼丝短时间内损耗加大； 8.钼丝质量差或保管不善,产生氧化,或上丝时用小铁棒等不恰当工具张丝； 9.储丝筒转速太慢,使钼丝在工作区停留时间过长； 10.切割工件时钼丝直径选择不当	1.将脉宽挡调小,将间歇挡调大； 2.提高操作水平,进给调节合适,调节进给电位器,使进给老谊,； 3.使用线切割专用工作液； 4.清洗管道； 5.更换或将导电块移一个位置； 6.选择合适的脉冲间隔,使用适合相应厚件切割的工作液； 7.更换削波二极管； 8.更换钼丝,使用上丝轮上丝； 9.合理选择丝速挡； 10.按使用说明书的推荐选择钼丝直径
工件接近切割完时断丝	1.工件材料变形,夹断钼丝； 2.工件跌落时,卡断或撞断钼丝	1.选择合适的切割路线、材料及拱； 2.快割完时,用小磁铁吸往工件或用工具托住工件,使其不致下落

二、切割轨迹异常的排除方法

这里所指的故障原因,是指除此之外的原因,不包括编程错误和误差。

1.加工封闭图形时,电极丝未回原点

从工件上看,图形大体是正确的,但电极丝未回到原点(终点),而从工作台手轮刻度上看,已回原点(终点)。这种情况多数是工件变形造成的,机床工作台中的传动系统误差,也会造成这种故障。可用千分表检查工作台的传动精度。若精度合乎要求,应考虑是否工件变形所致,也有可能是主导轮偏差(如轴向窜动等)使电极丝不到位所致。

另一个原因是电极丝损耗太大,当切割大周长的工件时,会因丝变细而使人看起来没回原点,致使工件精度欠佳。

若是上述原因的话,就得分别对待、分别处理。例如,调整机床的精度、消除工件的残余应力、调整导轮、考虑用低损耗电源加工等。

还有一个不可忽视的原因,就是步进电动机失步。在切割薄板工件时,进给速度比较高,或者是封闭图形中有一部分处于空载加工状态运行,进给速度变快,都可能引起步进电机失步,致使加工回不到原点。在这种情况下,应及时调节进给速度,或在变频取样回路中加稳压二极管之类的限幅(频)元件。另外,工作台在局部行程中憋劲时,也会引起丢步。

2.切割线形混乱

本来应加工圆弧,而变为直线切割;或加工直线变为加工圆弧。

前者的出现有两种原因:

(1)有一轴步进电动机不走或摇摆(例如,步进电动机缺相),另一轴正常,这会使圆弧变为直线加工。应检查排除缺相或传动系统打滑等故障。

(2)数控系统修改象限等错误,使圆弧变为直线插补,应检查系统故障。

三、工作液供给不良的排除方法

加工过程中工作液流量时大时小,甚至时有时无,多半是供液管路堵塞,泵的叶轮打滑所致。应清洗管路,检查泵的叶轮是否打滑等。若根本打不上工作液,除了管路堵塞外,可能是泵不转或叶轮不跟电动机。泵不转原因多数是缺相或者电动机绕组烧坏。首先要检查水泵控制回路的保险丝、水泵进线电压及水泵电动机绕组等。

四、脉冲电源故障的排除方法

脉冲电源故障主要有加工电流很大,火花放电异常,易断丝。脉冲电源故障多数是脉冲电源的输出已变为直流电所致。这要从脉冲电源的输出极向多谐振荡器逐级检查波形,更换损坏的元件,使输出合乎要求的脉冲波形时才能投入使用。

五、加工后工件的精度严重超差的排除方法

未发现异常现象,加工后机床坐标也回到原点(终点),但工件精度严重超差,往往是以下几种原因造成的。

(1)工件变形,应考虑消除残余应力、改变装夹方式及用其他辅助方法弥补。

(2)运动部件干涉,如工作台被防护部件(如"皮老虎"、罩壳等)强力摩擦,甚至顶住,造成超差,应仔细检查各运动部件是否干涉。

(3)丝杠螺母及传动齿轮配合精度、间隙超差,应打表检查工作台的移动精度。

(4)X、Y轴工作台拖板垂直度超差,应检查 X、Y 轴的垂直度。

(5)电极丝导向轮(或导向器)导向精度超差,应检查导向轮(主导轮)或导向器的工作状态及精度。

(6)加工中各种参数变化太大,应考虑采用供电电源稳压等措施。

六、断保险丝故障的排除方法

机床电器、高频电源、数控系统等各用电部分都安装了保险丝。根据机床总体设计,各部分的保险丝应在该部分发生短路、过电流等情况下自行保护(断保险丝),一般不影响其他部分的保险丝。这样,根据所断的保险丝部位,可初步断定故障的大体范围。

应强调的是,断了保险丝,一定要检查出故障,并在解除故障之后,才能更换新的相同规格的保险丝。不允许不检查故障直接换保险丝,以防损坏器件,发生更大的事故。

一般地,先从断保险丝处测量一下负载侧(保险丝的负载侧)的阻值,保险丝负载端与机床或零线的阻值,之后再一步一步深入到线路中检查,这种所谓"顺藤摸瓜"的办法较为方便。但往往也会在一打开有关部位时,马上发现短路痕迹,这样的问题更便于解决。

一、案例

案例1

模具材料:DH31 - S。

电极材料:铜。

模具用途:动模芯。

模具编号:

正确形式:图3 - 1 - 3 所示的圈内形状。

失效形式:图中箭头指示积炭后产生了不规则的凹坑。

产品体现:图3 - 1 - 3(b)箭头指示处是产品的成型位置,加工积炭后会导致产品尺寸超差,无法脱模。

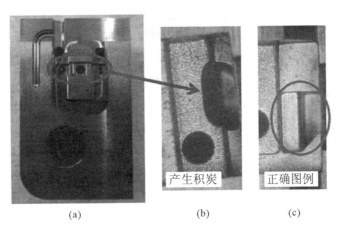

图3 - 1 - 1　案例1图

案例2

模具材料:DH31 - S。

电极材料:铜。

模具用途:动模芯。

模具编号:

正确形式:图3 - 1 - 2 所示圈内形状。

失效形式:图1 - 3 - 2(b)中箭头指示积炭后产生了不规则的凹坑。

产品体现:图1-3-2(b)箭头指示处是产品的成型位置,加工积炭后会导致产品尺寸超差,无法脱模。

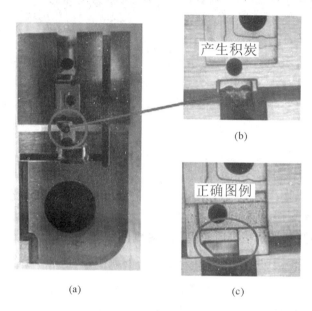

图3-1-2　案例2图

案例3

模具材料:DH3-S。

电极材料:铜。

模具用途:定模芯。

模具编号:

正确形式:图3-1-3(c)所示圈内形状。

失效形式:图3-1-3(b)中箭头指示积炭后产生了凹坑。

产品体现:图3-1-3(b)箭头指示处是产品的成型位置,加工积炭后会导致产品尺寸超差,产品多料。

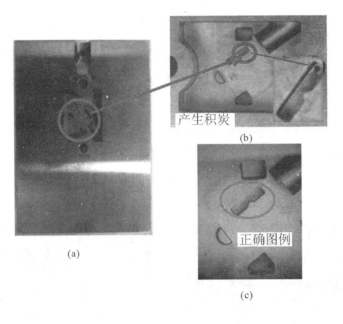

产生积炭

(b)

正确图例

(c)

(a)

图 3 - 1 - 3   案例 3 图

二、产生原因及处理方法

1. 加工条件选择错误

放电加工时,施加到电极上的能量是有严格要求的。一旦能量过大就会导致电极因电子的攻击强度过大,温度过高而损坏。铜电极和石墨电极材料在单位面积中所能承受的峰值电流密度分别为 $0.15(A)/mm^2$ 和 $0.08(A)/mm^2$。超过此峰值时出现异常放电的概率随之增加,出现积炭的概率也随之增加。因此,如何正确地根据电极的放电面积来选择加工条件和设计电极的放电间隙尤其重要。以图 3 - 1 - 4 所示的电极为例,电极的单个圆柱直径是 1.2mm,加工时只在两个圆柱上同时放电,所以,只能计算两个圆柱的面积(=2.68)电流就要控制在 0.5A 内。选择初始加工条件时必须是 0 至 5 以内面积的,如牧野机床的 M19 型号,因为能承受的能量小,所以电极的放电间隙也没有必要设计得过大,0.07 以内基本足够。

图 3 - 1 - 4   电极

2. 排渣不良

放电截面积越小,加工深度越深,则排屑越困难。如何提高排渣的质量是关键。目前最常用的方法有三种,一是喷油排渣,二是浸油排渣,三是浸油加喷油辅助排渣。原则上分析浸油式比喷油式排渣要好得多,浸油式(见图3-1-5)利用主轴的高速运动,使型腔与电极形成活塞原理将碳渣从腔内吸出,达到排屑目的。牧野机床由于主轴运行速度极高,非常适合选用这种排屑方法。喷油式加工方法(见图3-1-6),由于液体的流向及压力不均匀,排屑不彻底,会有排屑物聚集的地方,影响加工精度也容易引起积炭,所以,在条件许可的情况下应尽量采用浸油式加工方法进行加工。

图3-1-5　浸油加工

图3-1-6　喷油加工

3. 加工部位影响

当放电部位形成三面敞开式时,擦边加工时也容易形成积炭。开放式放电加工并不一定比盲孔放电稳定性高。原因是,排屑时主要依赖加工液的扰动,或冲刷或挤压等,液体的流动性越强,排屑越彻底。而单面加工时,由于电极的上下运动不能引起加工液的强力扰动,而且,如果主轴上下跳动的距离比较小的话,电蚀产物就无法脱离放电间隙,引起加工不稳定甚至积炭,如图3-1-7所示。在这种情况下,最好采取侧面加工,使电极在回退时离开加工面,形成排渣空间,以便电蚀产物能顺利被冲刷掉。无法侧面加工时,应尽量提升主轴跳跃幅度,使加工面尽可能暴露在加工液中,以便排除电蚀物。

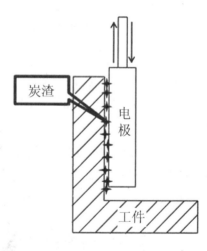

图3-1-7　加工部位影响

4. 喷油方向影响

放电加工中,喷油管喷油的方向处理也很重要。液体流动方向应顺着电蚀产物产生的方向。图 3-1-8(a) 所示液流方向应和放电间隙平行而不是垂直于放电间隙进行冲油。图 3-1-8(b) 所示电极是一种典型的袋状,而且形状复杂,侧面单向冲液时任何方向都无法均匀地排渣。但是,工件中心有一孔可以充分利用,用铁磁块垫起工件,将油从底部向上冲便可均匀地排除碳渣。所以,在加工上述工件时,单靠浸油加工可能效果不是很好,最好加上喷油方式来辅助。

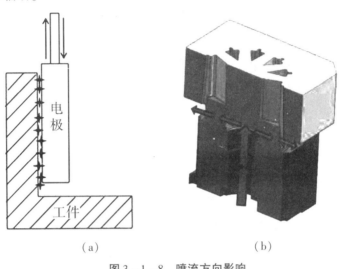

（a）   （b）

图 3-1-8　喷流方向影响

5. 电极材料质量的影响

电极材料的质量也是容易引起加工异常的原因之一。通常石墨材料(见图 3-1-9)出现质量问题的几率比铜材(见图 3-1-10)会高一些,原因是石墨制造工艺复杂,是一种非金属材料,很多特性是有别于金属材料的。石墨的质量问题主要表现在材质比较疏松、容易掉渣、放电粗糙度不均匀等方面。但要注意的是积炭现象并不等于一定意味着电极材料有质量问题,加工状态不好、加工条件用的不恰当同样会引起这些问题,只能在排除了这些可能性后再考虑是否材质问题引起加工异常。

图 3-1-9　石墨电极　　　　　图 3-1-10　铜电极